Der Obstgarten

Sortenvielfalt | Rezepte | Reportagen

KAREN
MEYER-REBENTISCH

blv

Inhalt

Obst im Garten

Vielfalt und Genuss

Ich liebe es, im Sommer und im Herbst durch Kleingartenanlagen zu spazieren und Ausschau zu halten, was in den Bäumen oder an den Sträuchern hängt. Manchmal ergibt sich daraus ein Gespräch mit den Gärtnern – zum Beispiel darüber, wie der Großvater nach dem Krieg die Bäume gepflanzt hat oder was für eine Mühe es war, die verunkrauteten Himbeeren freizulegen, nachdem man den Garten übernommen hatte. Manchmal werden mir Exoten gezeigt wie Feigen, Maulbeeren oder ganz besondere Apfelsorten. Viele sind stolz auf ihre Ernte und bieten eine Kostprobe an, die ich liebend gerne annehme. Und immer wieder bin ich begeistert von der großen Vielfalt der Aromen, Farben und Formen.

Viel mehr Vielfalt als im Laden

Damit kann das durchschnittliche Angebot eines Supermarktes nicht mithalten. Zwar finden sich dort Orangen, Ananas und Bananen im Angebot, die man hierzulande selbst im Treibhaus nicht kultivieren kann. Die faszinierende Sortenvielfalt aber, die bei den heimischen Obstarten von unseren Vorfahren geschaffen wurde, ist aus unserem Blickfeld geraten. Dagegen nehmen sich die wenigen heute im Erwerbsanbau kultivierten Sorten armselig aus. 'Elstar', 'Jonagold', 'Braeburn' und 'Golden Delicious' sind die am häufigsten verkauften Äpfel, bei den Birnen erreicht meist nur die aus Italien impor-

tierte 'Abate Fetel' den Supermarktkonsumenten. Von Pflaumen, Kirschen oder Beerenfrüchten erfährt der Käufer nicht einmal den Sortennamen – von der fehlenden Vielfalt ganz zu schweigen.

Warum eigenes Obst?

Im Garten ist das anders. Wer selbst Obst anbaut, hat die Chance, eine ganz auf seine individuellen Vorlieben und örtlichen Gegebenheiten ausgerichtete Auswahl zusammenzustellen. Zugegeben, das erfordert ein wenig Planung. Dafür wird man aber jahre-, ja jahrzehntelang mit einer leckeren Ernte belohnt. Dieses Buch soll dazu inspirieren, sich ein wenig mehr mit all den Möglichkeiten zu beschäftigen, die Obst im Garten und in der Küche bietet. Erdbeeren gleich beim Pflücken naschen, ein Kellerregal voll selbst gemachter Marmelade, der Duft von reifen Quitten in der Küche – das selbst geerntete Obst birgt vielerlei Genüsse. Wer einmal die Vielfalt der Aromen, Farben und Formen entdeckt hat, wird immer mehr davon kennenlernen und genießen wollen. Draußen zu sein bei der Pflege der Bäume und Sträucher oder bei der Ernte ist ein guter Ausgleich zur Arbeit im Büro. Und nicht zuletzt schätzen es viele Menschen, selbst zu entscheiden, ob Chemie im Garten zum Einsatz kommen soll – immer mehr bevorzugen ungespritztes Obst und schneiden lieber die paar Schadstellen weg.

Selbstversorgung übers ganze Jahr

Wer einen Garten mit altem Baumbestand übernommen hat, kann oft ein Lied davon singen: Da steht dann ein riesiger Süßkirschenbaum, der locker zwei Zentner leckere Früchte trägt. Die Freude ist groß, aber kurz – denn kein Mensch kann so viel essen und zum Einmachen taugen die süßen Kirschen nur begrenzt. Ähnlich ist es mit einem Klarapfel: Die Früchte reifen garantiert immer während der Sommerferien. Wenn man aus dem Urlaub zurückkehrt, liegt der ganze Rasen voll von halbfaulen Äpfeln, eine Riesenparty für die Wespen.

Es geht aber auch anders: Eine sorgfältige Sortenwahl vorausgesetzt, kann man fast übers ganze Jahr frisches Obst aus dem Garten essen – im Frühjahr ergänzt durch selbst konservierte oder gekaufte Früchte. Bereits im Frühsommer beginnt dann die neue Saison mit dem Beerenobst, bald kommen Kirschen oder vielleicht Pfirsiche hinzu, und der Spätsommer bringt eine beglückende Fülle: Pflaumen, Frühäpfel und Birnen, Feigen und Trauben sind erntereif. Bei den herbstreifenden Äpfeln und Birnen ist es dann wichtig, auch solche Sorten zu wählen, die unter häuslichen Lagerbedingungen bis in den Winter oder gar ins zeitige Frühjahr hinein aufbewahrt werden können.

Der kleine Obstgarten

»So viel Platz habe ich doch gar nicht«, höre ich immer wieder, wenn es um eigenes Obst geht. Der typische Reihenhausgarten mit seinen 150 Quadratmetern erfordert natürlich eine andere Planung, als wenn eine ganze Wiese zur Verfügung steht. Es geht aber viel mehr, als man denkt: Ein Baum kann als Spalier an der Hauswand gezogen werden – besonders bietet sich das bei wärmeliebendem Obst wie Pfirsich, Aprikose oder Birne an. Wein oder Kiwi wachsen ebenfalls gerne an Wänden oder schmücken kahle Sichtschutzelemente. Anstelle einer Hecke oder eines Zaunes können Beerensträucher gepflanzt werden, sogar Apfelbäumchen auf kleinbleibender Unterlage kommen in Frage, wenn man sie wie im Erwerbsbau an Drähten formiert. Wer genug Platz für ein oder zwei frei stehende kleine Bäume hat, kann diese in einer guten Baumschule mit mehreren Sorten veredeln lassen, sodass die Erntezeit sich über einen längeren Zeitraum erstreckt. Die Investition zahlt sich auf lange Sicht aus!

Fremde Früchte schmecken süß

Wo nur ein Balkon zur Verfügung steht, wird es wirklich eng – dort lässt sich gerade eben etwas Naschobst in Kübeln ziehen. Auch das macht Spaß und ist besser als nichts! Es gibt aber fast überall die Möglichkeit, Obst zu ernten, das nicht im eigenen Garten gewachsen ist. In Kleingärten sind zum Beispiel ältere Pächter oft dankbar für die Hilfe bei der Ernte und geben dafür gerne einen gehörigen Teil ab. Fragen Sie einfach nach!

Mit ein wenig Spürsinn findet man auch im öffentlichen Raum verwaiste Obstbäume, für die sich offenbar niemand zuständig fühlt. Die Initiative »Mundraub« verzeichnet auf ihrer Internetseite www.mundraub.org hunderte von solchen Standorten. Bei der Ernte müssen natürlich einige Regeln eingehalten werden, auch diese sind online zu finden. Und schließlich gibt es jede Menge Wildobst: Brombeeren, Holunder, Schlehen und so weiter. Bei einer Radtour habe ich fast immer eine Tasche dabei – man weiß ja nie …

In der Küche ein Genuss!

Obst gehört zu den wenigen Lebensmitteln, die uns roh und ohne weitere Verarbeitung gut schmecken. Das ist gesund! Die »Deutsche Gesellschaft für Ernährung« empfiehlt, mehrmals täglich frische Früchte zu essen. Und auch das Backen mit Obst ist weithin beliebt. Ich schätze Obst genauso beim Kochen und bei der Zubereitung herzhafter Gerichte. Die fruchtige Süße passt besonders gut zu Speisen mit herbem, leicht bitterem oder scharfem Geschmack. Es geht viel mehr als Preiselbeeren zum Hirschsteak oder die klassisch norddeutschen Birnen mit Bohnen und Speck! Deshalb finden Sie in diesem Buch nicht nur »typisch süße« Obstrezepte, sondern auch herzhafte Zubereitungsideen aus meiner Küche, die Sie nach Belieben variieren und kreativ weiterentwickeln können.

Guten Appetit und viel Spaß mit dem Obst!

Kernobst

Apfel – *Malus domestica*

Der Kulturapfel ist ein Kernobst aus der großen Familie der Rosengewächse. Seine heutigen Zuchtformen gehen auf Kreuzungen aus verschiedenen Wildformen zurück, darunter der Asiatische Wildapfel und vermutlich auch der hierzulande verbreitete Holzapfel. Heute wird der Apfel weltweit angebaut und ist nach der Banane und den Zitrusfrüchten die drittwichtigste Obstart, in unseren Breiten das wichtigste Obst überhaupt.

Wildäpfel haben von jeher eine Rolle in der menschlichen Ernährung gespielt, in Mitteleuropa wurden diese nachweislich bereits in der Jungsteinzeit verzehrt. Die Römer hatten mehrere Apfelsorten gezüchtet, die deutlich süßer und aromatischer geschmeckt haben müssen als der saure und herbe Holzapfel, den die Germanen seinerzeit noch verspeisten. Mit der Ausweitung des römischen Imperiums gelangten die Kulturäpfel auch ins nördliche Mitteleuropa. Dort wurden sie während des Mittelalters vor allem in Klostergärten weiter kultiviert, wo auch neue Sorten entstanden. Gegen Ende des Mittelalters entwickelte sich ein immer größeres Interesse an der Obstbaumzucht, ausgehend von adeligen Gartenbesitzern, die besonders auf ihre Repräsentativität bedacht waren. In Frankreich und England kam bald darauf auch in bürgerlichen Kreisen ein regelrechter Apfelboom auf, der später nach Deutschland überschwappte. Um 1900 sollen weltweit etwa 20.000 Apfelsorten in Kultur gewesen sein, die meisten davon ausgesprochene Regionalsorten.

Die Industrialisierung des Obstbaus im 20. Jahrhundert hat diese Vielfalt zerstört, denn moderne Sorten müssen vor allem gut transport- und lagerfähig sein. Die Anforderungen des Verbrauchers an den Apfel haben sich massiv gewandelt: Früher wurden bis zur Genussreife gelagerte Äpfel bevorzugt, die dann hocharomatisch, aber schon etwas mürbe geworden waren. Mittlerweile wünschen sich die meisten Konsumenten vor allem knackig frische Äpfel. Übrigens: Einige Menschen vertragen moderne Supermarktäpfel nicht und glauben, an einer Apfelallergie zu leiden. Mit älteren Sorten hingegen kommen viele gut zurecht. Und auch gegart sind Äpfel verträglicher – probieren Sie es aus!

Im Garten

Mitteleuropa bietet dem Apfel ideale Bedingungen, denn er schätzt ein gemäßigtes Klima. Die Bodenansprüche sind abhängig von der jeweiligen Sorte und Unterlage, eine gute Baumschule sollte in dieser Frage beraten. Dank einer großen Auswahl an Unterlagen können Apfelbäume passend zum Reihenhausgarten oder zur Streuobstwiese in jeder Größe ausgesucht werden. Eine schwach wachsende Unterlage lässt den Baum kleiner bleiben und er kommt deutlich früher in den Ertrag – er hat aber auch insgesamt eine geringere Lebenswartung. Während ein Hochstamm bei guten Bedingungen 150 Jahre alt werden kann, ist manch ein Spindelbusch bereits nach 15 bis 20 Jahren am Ende.

Links: Apfelbäume eignen sich gut für die Erziehung an einem frei stehenden Spalier. **Rechts:** Apfelblüten sind für die Bestäubung auf Bienen angewiesen – ist es diesen noch zu kalt, fällt die Ernte gering aus.

Ein Gartenbesitzer sollte ebenfalls bedenken, ob der Apfelbaum nur als Fruchtträger oder aber auch als Schattenspender gepflanzt werden soll. Ein Baum auf schwachwüchsiger Unterlage ist zu Letzterem nicht geeignet. Er sollte auch in den ersten Standjahren keine Wurzelkonkurrenz durch Bepflanzen der Baumscheibe erhalten. Dafür lassen sich kleine Spindelbüsche sehr gut als Randbepflanzung vom Gemüsebeet einsetzen oder auch an der Grundstücksgrenze entlang wie ein Zaun ziehen. Ein Drahtgerüst kann, muss aber nicht bei der Formierung helfen.

Ein wurzelnacktes Apfelbäumchen wird am besten im Herbst gepflanzt, Containerware kann auch im Frühjahr gesetzt werden. Der kleine Baum braucht unbedingt einen Stützpfahl. Die Pflanzgrube sollte größer als der Wurzelbereich ausgehoben werden und wird mit einem Erd-Kompostgemisch gefüllt. Wo Wühlmäuse unterwegs sind, schützt ein Pflanzkorb aus nicht verzinktem Draht die zarten Wurzeln.

Ein junger Apfelbaum benötigt einen Pflanzschnitt und in den ersten Jahren auch einen Erziehungsschnitt. Später muss ein Apfel nicht mehr jedes Jahr geschnitten werden – man sollte aber darauf achten, ihn ab und an auszulichten sowie abgetragenes und nach innen weisendes Holz zu entfernen, damit die Erneuerung angeregt wird. Je nach Sorte und Unterlage kann der Baum eine eher rundkugelige, ausladende oder kegelförmige Krone erhalten.

Sorten

Im Erwerbsanbau werden heute nur etwa 50 Apfelsorten angebaut. Etwa zehn Sorten davon kann man landauf, landab in jedem Supermarkt erhalten – wie 'Jonagold', 'Golden Delicious', 'Cox Orange', 'Elstar', 'Granny Smith' oder 'Braeburn'. In älteren Haus- und Kleingärten hingegen ist noch eine riesige Sortenvielfalt zu finden. Mit den Menschen, die einen Baum gepflanzt haben, stirbt meist auch das Wissen weg, um welche Sorte es sich handelt. Bekommt ein Garten neue Eigentümer, wissen diese oft nicht, was dort wächst. Manche von ihnen sind neugierig und lassen die Sorte(n) von einem Pomologen bestimmen – nicht immer klappt dies.

Bei der richtigen Sortenwahl können Gärtner fast das ganze Jahr über eigene Äpfel genießen. Die Saison beginnt mit den Frühäpfeln im Juli, welche sich meist nur wenige Tage halten, und endet bei den Winteräpfeln, die bei guter Lagerung bis weit ins Frühjahr hinein verzehrt werden können. Der Handel hält heimische Äpfel sogar durch spezielle Lagermöglichkeiten bis zur Folgeernte bereit.

Wer mit einer größeren Auswahl an Apfelsorten den Bedarf weit übers Jahr decken möchte, sollte entweder mehrere Sorten oder aber mehrfach veredelte Bäume pflanzen. Letztere sind nicht ganz günstig – angesichts der zu erwartenden Ernte über Jahre oder Jahrzehnte lohnt es aber doch, diese Investition zu tätigen.

Sommeräpfel sind meist säuerlich erfrischend und halten sich nur wenige Tage, bis sie mürbe und weich werden. Dann taugen Sie nur noch für Apfelmus.

Oben: Eine stabile Leiter und festes Schuhwerk erhöhen die Sicherheit bei der Obsternte.

- 'Piros' ist ein knackiger Frühapfel mit gelblich-grüner Schale, die sich bei zunehmender Reife rötet. Je nach regionalem Klima kann er bereits Anfang Juli geerntet werden. Er ist wenige Wochen lagerfähig.
- Der 'Weiße Klarapfel' stammt aus Lettland. Er reift bereits Ende Juli. Die Früchte sind grünlich-gelb, das Fruchtfleisch ist zunächst weiß und fest, wird jedoch schnell gelblich und mehlig. Kläräpfel sind sehr gut geeignet zur Herstellung von Apfelmus.
- 'James Grieve' ist ein robuster Apfel mit mittelgroßen Früchten. Die Grundfarbe ist gelbgrün mit roter Flammung. Die Schale ist etwas wächsern. Er kann ab Anfang September geerntet werden. Das feinsäuerliche Fruchtfleisch ist saftig und wird bald mürbe. Die Sorte ist lagerfähig bis Mitte Oktober.

Herbstäpfel werden im September und Oktober geerntet und halten länger frisch als Sommeräpfel – meist bis kurz nach Weihnachten oder Neujahr. Viele Liebhaber eines knackigen Apfels mögen sie noch vor der eigentlichen Genussreife, die überwiegend erst nach der Pflückreife einsetzt. Die Übergänge vom Herbst- zum Winterapfel sind fließend.

- 'Gravensteiner' ist eine sehr alte Sorte, die vor allem in Norddeutschland verbreitet ist. Der Baum benötigt einen feuchten Boden ohne Staunässe. Die mittelgroßen Früchte haben eine gelbgrüne Grundfarbe, auf ihrer der Sonne zugewandten Seite sind sie rot geflammt. Die Schale ist wachsig. Die Äpfel reifen ab Anfang September, sie sind sofort vom Baum essbar und halten bis in den November. Sie haben ein weißes saftiges Fleisch, ein sehr ausgeprägtes Aroma sowie einen starken Duft.
- 'Signe Tillisch' stammt aus Dänemark und kommt auch mit einem kühleren Klima gut zurecht. Die Früchte werden groß und können ab Anfang Oktober geerntet werden. Sie sind gelbgrün und haben ein erfrischendes, saftiges Fruchtfleisch. Die Sorte ist lagerfähig bis Weihnachten.
- 'Ananasrenette' bringt kleine gelbgrüne Äpfel hervor, die ab Mitte Oktober geerntet werden und bei guter Lagerung bis in den Februar halten. Sie sind sehr aromatisch und duften

etwas nach Ananas. Die Sorte ist eher schwachwüchsig und verträgt keine nassen oder kalten Böden.

- Der 'Gewürzluiken' stammt aus dem württembergischen Raum und ist dort immer noch als Tafel- und Mostapfel sehr verbreitet. Er gedeiht nur in wärmeren Lagen wirklich gut und die Früchte brauchen lange, um auszureifen. Sie werden groß, sind von gelber Grundfarbe und haben kräftig rotbraune Streifen. Das saftige Fruchtfleisch ist säuerlich-würzig und wohlschmeckend.
- 'Cox Orange' wurde vor knapp 200 Jahren in England gezüchtet. Die Sorte ist sehr empfindlich und krebsanfällig. Sie bevorzugt feuchteres und kühleres Klima, in Weinbaugebieten gedeiht sie nicht. Die grüngelben, rot gestreiften Früchte, die ab Mitte September reifen, sind von bester Qualität, saftig und süßaromatisch. Sie können bis ins neue Jahr gelagert werden, dabei werden sie mehlig, entfalten aber ein sehr feines Aroma.

Winteräpfel werden im Spätherbst gepflückt und halten sich bei guter Lagerung sehr lange. Einige von ihnen sind frisch vom Baum nicht gerade wohlschmeckend und gewinnen erst mit der Zeit an Süße und Aroma.

- 'Schöner aus Boskoop' ist ein klassischer Winterapfel, der sich besonders gut zum Braten, Backen und für Apfelmus eignet. Die Früchte sind im Oktober pflückreif. Sie sind groß und unregelmäßig in der Form. Die Schale ist rau und hat eine graubraune Grundfarbe mit roter Deckfarbe. Die Äpfel sind recht sauer, aber hoch aromatisch.
- 'Finkenwerder Herbstprinz' ist eine norddeutsche Sorte, die sehr robust ist und gut ans dortige Klima angepasst

Oben: In einem luftigen Korb können Äpfel vor dem Einlagern oder dem Weiterverarbeiten für einige Tage aufbewahrt werden. Er sollte dabei möglichst kühl stehen.

wächst. Die großen hübschen Äpfel mit der typischen hochgebauten Prinzenapfelform haben eine grün-rot gestreifte Schale. Das Fruchtfleisch ist fest, fein säuerlich und aromatisch. Liebhaber knackiger Äpfel essen den Herbstprinz direkt vom Baum – die eigentliche Reife entwickelt die Sorte aber erst zwei, drei Wochen nach der Ernte, die im Oktober stattfindet.

- Die 'Kanadarenette' ist eine sehr wohlschmeckende Spätapfelsorte, die jedoch wenig ansprechend aussehende Früchte trägt. Diese sind eher groß und haben eine grün- bis graugelbe Grundfarbe, die auf der Sonnenseite leicht ins Orange gehen kann. Die Schale ist rau und berostet. Das Fruchtfleisch ist hellgelb und sehr aromatisch, mit der Zeit wird es mürbe. Die Äpfel können im Oktober geerntet und bis Ostern gelagert werden.
- Die 'Rote Sternrenette' ist der klassische Weihnachtsapfel. Die Sorte wurde 1830 am Niederrhein gezüchtet und ist recht robust. Die Früchte sind eher klein und rund. Sie haben eine glatte trockene Schale, die kräftig rot wird, gesprenkelt mit vielen kleinen Pünktchen. Das Fruchtfleisch ist hellgelb bis weiß und süßsäuerlich. Der leicht parfümierte Geschmack nimmt mit der Reife zu. Die 'Rote Sternrenette' wird im Oktober geerntet und ist bis zum Anfang des neuen Jahres lagerfähig.
- Der vor 150 Jahren in den USA gezüchtete 'Ontarioapfel' ist eine extrem lang lagerfähige Sorte. 'Ontario' benötigt einen guten Boden und ist empfindlich gegen starke Winterfröste, ansonsten ist er unkompliziert. Die großen gelbgrünen Früchte sind ab Ende Oktober pflückreif, müssen aber noch einige Wochen gelagert werden, bis die Genussreife erreicht ist. Sie sind saftig, säuerlich und aromatisch und enthalten viel Vitamin C. Bei guten Bedingungen halten sie bis in den Mai.
- 'Pilot' wurde noch zu DDR-Zeiten im Institut für Obstforschung in Dresden-Pillnitz gezüchtet. Die Sorte ist recht unempfindlich und bringt früh einen hohen Ertrag. Die mittelgroßen Äpfel sind kräftig grün-gelb-rot gefärbt. Das Fruchtfleisch ist sehr fest und nicht saftig, das Aroma ist ausgeprägt süßsäuerlich. Die Äpfel können ab Mitte Oktober geerntet werden und erreichen erst im Februar die Genussreife. Man kann sie bis Ende Mai lagern.

Most- und Wirtschaftsäpfel sind besonders für die Kultur auf Streuobstwiesen und für das Entsaften geeignete Sorten. Manche von ihnen können aber auch als Tafelapfel genossen werden.

- 'Brettacher' ist eine im süddeutschen Raum verbreitete Sorte. Die hübschen großen Äpfel können ab Oktober geerntet werden und reifen auf dem Lager noch weiter. Ab Weihnachten bis Ostern können sie verzehrt werden.
- 'Rheinischer Bohnapfel' reift sehr spät ab Ende Oktober und lässt sich sehr gut lagern, sodass er bis ins späte Frühjahr noch zur Verfügung steht. Er ist ideal zum Kochen und Backen sowie für die Saftgewinnung.
- 'Grahams Jubiläumsapfel' ist eine Sorte aus England, die auch mit ungünstigeren Lagen gut zurechtkommt. Die

Links: Manche Apfelsorten haben eine leicht wachshaltige Schale, die hübsch glänzt, wenn man sie poliert.

gelbgrünen Äpfel mit roten Wangen können ab Mitte September geerntet werden und sind genussreif von Ende September bis Ende Oktober.

Ernten und Lagern

Die richtige Erntezeit für Äpfel schwankt je nach Sorte und regionalem Klima sowie dem Wetterverlauf im jeweiligen Jahr. Von daher ist ein wenig Erfahrung vonnöten. Dass der Apfel frisch vom Baum gut schmeckt, ist nur bei Sommersorten ein Kriterium. Wird ein Apfel zu früh gepflückt, reift er auch auf dem Lager nicht nach – erntet man ihn zu spät, hält er weniger lang als es möglich wäre. Ein guter Anhaltspunkt um die Reife eines Apfels zu erkennen ist, dass sich sein Stiel leicht vom Ast löst, wenn man ihn beim Pflücken nach oben kippt. Der Stiel sollte immer an der Frucht bleiben.

Am besten ist es, Äpfel von Hand zu pflücken – zum einen merkt man dann, ob sich die Frucht gut löst und zum anderen vermeidet man, dass sie beschädigt wird, was die Lagerfähigkeit beeinträchtigen würde. Hängen die Früchte zu hoch, kann man einen Apfelpflücker verwenden. Bei Äpfeln, die gemostet werden sollen, kann man auch den Baum schütteln. Die heruntergefallenen Früchte müssen aber umgehend verarbeitet werden, da sie sonst zu faulen beginnen.

Vor dem Einlagern werden alle Äpfel, die nicht astrein sind, aussortiert – sie müssen schnell gegessen oder verwertet werden. Die Lageräpfel werden mit dem Stiel nach unten auf Stiegen gelegt, zwischen einzelne Lagen sollte Zeitungspapier oder Seidenpapier gepackt werden. Der ideale Lagerort hat eine Temperatur um 5 °C und ausreichend Luftfeuchtigkeit. Anderes Obst oder Gemüse sollte nicht in der Nähe aufbewahrt werden, da Äpfel ein Reifegas ausströmen, das die Haltbarkeit beeinträchtigt.

Äpfel können auch sehr gut in Gefrierbeuteln gelagert werden, in die jeweils vier bis sechs Früchte gesteckt werden. Die Beutel dürfen nicht vollkommen dicht, sondern nur locker verschlossen werden, damit ein minimaler Luftaustausch möglich ist. In diesen Beuteln können die Äpfel dann an einem kühlen Ort liegen. So schrumpeln sie nicht.

Neben einem guten Keller kommen auch Garage oder Gartenlaube als Lagerplatz in Frage. Die Temperaturen dürfen nur geringfügig unter 0 °C sinken und sollten einigermaßen konstant bleiben. Dies kann man erreichen, indem man die Äpfel unter eine ausrangierte Daunendecke oder anderes Isoliermaterial steckt. Auch im Kühlschrank halten Äpfel sich gut. Erdgruben, versenkte Waschmaschinentrommeln und Kellerschächte sind weitere Orte, die man für die Lagerung herrichten kann. Man sollte aber jederzeit an die Äpfel herankommen können und auch regelmäßig kontrollieren, ob Fäulnis auftritt, um dann die betroffenen Früchte zu entfernen.

Zum Konservieren bietet sich vor allem an, Apfelkompott oder Apfelmus zu kochen. Die Früchte können aber auch in

Rechts: Kinder mögen den Geschmack von rotschaligen Apfelsorten oft besonders gerne.

dünne Ringe geschnitten und getrocknet werden – dabei hilft ein Dörrautomat oder ein Backofen.

In der Küche

Der Apfel ist aus der Küche nicht wegzudenken und ist besonders als Backzutat beliebt. Es gibt unzählige Rezepte für Apfelkuchen – diese gelingen umso besser, wenn die richtige Sorte verwendet wird. Ein Backapfel sollte nicht übermäßig saftig sein und eher grobzelliges, auch schon etwas mürbe gewordenes Fruchtfleisch haben, darf aber nicht leicht zerfallen. Gut geeignet sind hierfür 'Cox Orange', 'Boskoop' und 'Ontarioapfel'.

Apfelmus erhält je nach verwendeter Sorte ein sehr unterschiedliches Aroma und auch die Konsistenz kann verschieden ausfallen. Es ist letztlich Geschmacksache, was für ein Mus einem besonders zusagt. Für die Herstellung gibt es zwei Methoden. Entweder werden die gewaschenen und von Schadstellen befreiten Äpfel grob geputzt und mit Schale und Kerngehäuse gedünstet. Wenn sie weich geworden sind, streicht man die Masse durch ein Sieb oder nimmt die Flotte Lotte. Ein so gewonnenes Apfelmus hat ein intensiveres Aroma als das mit Methode zwei gekochte: Dazu werden die Äpfel vor dem Kochen geschält und entkernt und es wird nur das schiere Fruchtfleisch weich gekocht. Dieses kann dann noch im Kochtopf mit dem Stabmixer zu feinem Mus verarbeitet werden. Soll das Apfelmus nicht direkt verzehrt werden, kann es heiß in sterile Schraubgläser gefüllt werden. Normalerweise hält es so ein Jahr lang. Wer ganz sicher gehen will, sollte die Gläser noch 20 Minuten einkochen.

Ein weiterer Klassiker sind Bratäpfel – traditionell mit Nelken, Nüssen und Honig gefüllt, können sie vielfältig variiert werden: Als Füllung eignen sich auch Ingwer, kleingeschnittene Trockenaprikosen und Datteln, verschiedene Marmeladen und Spirituosen wie zum Beispiel Calvados, ein Apfelbranntwein. Seit einigen Jahren gibt es kleine Apfelbräter, die auf einem Teelicht betrieben werden können. Mit ihnen lässt sich unkompliziert ein einzelner Bratapfel backen, ohne dass man gleich den ganzen Ofen in Betrieb nehmen muss.

Apfel harmoniert auch mit herzhaften Speisen und mit Gemüse. Vor allem zu würzigem Fleisch wie Wild passt gedünsteter Apfel sehr gut. Beim Gemüse ergänzen sich Apfel und Möhre, Sellerie, Rote Bete, Grüne Bohnen, Fenchel und Zwiebeln vortrefflich. Als Rohkost geriebener Apfel mit Möhren ist bei Kindern sehr beliebt und außerdem auch sehr gesund. Der Apfel enthält eine Vielzahl von gesundheitsfördernden Inhaltsstoffen, sodass nicht grundlos der Spruch »An apple a day keeps the doctor away« erfunden wurde.

Bratapfelkonfitüre

1 kg Äpfel (am besten 'Boskoop') ¦ 75 g Rosinen ¦ 100 ml braunen Rum ¦ 75 g gestiftelte Mandeln ¦ ½ TL Zimt ¦ 500 g Gelierzucker (2:1)

Die Rosinen am Vorabend im Rum aufquellen lassen.

Die Äpfel schälen, entkernen und klein schneiden. In einer beschichteten Pfanne die Mandeln leicht bräunen. Anschließend die Apfelstückchen anrösten, sodass sie braune Stellen bekommen.

Äpfel und Mandeln zusammen mit dem Rum und den Rosinen in einem Topf zum Kochen bringen. 10 Minuten köcheln lassen, den Zimt und den Gelierzucker einrühren und weitere 3 Minuten sprudelnd kochen lassen.

Die Konfitüre heiß in Gläser abfüllen und für ein paar Minuten auf den Kopf stellen. Aufgrund der enthaltenen Mandeln ist sie nicht so lange haltbar wie eine reine Fruchtkonfitüre.

Tipp

Anstelle des Rums kann man auch Apfelsaft nehmen.

Apfel-Hirse-Frühstück

150 g Hirse ¦ 4 mürbe Äpfel ¦ 20 g Butter ¦ 50 g Rosinen ¦ 100 g gestiftelte Mandeln (oder Pinienkerne) ¦ Zimt ¦ ½ TL Salz

Am Vorabend 300 ml Wasser mit einer Prise Salz zum Kochen bringen. Die Hirse unter einem Sieb gut abspülen und ins Wasser geben, 2 Minuten aufkochen und ausquellen lassen.

Die Äpfel waschen, das Kerngehäuse entfernen und in kleine Stücke schneiden. Die Butter in einer Pfanne erhitzen und die Apfelstücke darin ein wenig anbraten. Sobald sie beginnen zu bräunen, die Temperatur zurücknehmen und die restlichen Zutaten zugeben. Unter Rühren erhitzen und noch warm servieren.

Variante

Das Hirse-Apfel-Frühstück im Winter ist eine gute Alternative für das Müsli, da es wohltuend von innen wärmt. Es kann außerdem mit anderen Getreidearten oder auch Buchweizen variiert werden. Probieren Sie es auch einmal mit klein geschnittenen Datteln anstelle von Rosinen.

Reportage

Ein Leben für die Obstvielfalt

Anfang September beginnt die Hochsaison für Jan Bade. In den folgenden Wochen wird er durchs ganze Land reisen. Es ist Zeit für die Kernobsternte, und an immer mehr Orten finden Veranstaltungen rund um den Apfel statt. Oft stehen Feiern, Essen und Trinken im Zentrum solcher »Apfeltage«, aber immer mehr wächst auch das Interesse an Kulturgeschichte und Sortenvielfalt – und dann sind die Fachkenntnisse des Pomologen gefragt.

Guter Baumschnitt heißt Hingucken

Hamburg ist diesmal eine der ersten Stationen von Jan Bade. Dort soll er Besuchern der »EUROPOM«, des größten europäischen Obstfestivals, bei der Bestimmung von Frühsorten helfen. Zuvor steht noch ein Schnittkurs auf dem Programm. Etwa ein Dutzend Interessierte treffen auf einer Obstwiese zusammen und lernen nach einer theoretischen Einführung die Praxis des Sommerschnitts an Bäumen unterschiedlichsten Alters. Im vorangegangenen Spätwinter haben sie dort bereits beim ersten Teil des Kurses mitgemacht und können nun begutachten, wie sich die von ihnen geschnittenen Bäume im letzten halben Jahr entwickelt haben. Die konkrete Anschauung ist Kursleiter Bade sehr wichtig. Eine gute Baumpflege sollte nicht nach Schema F erfolgen, sondern das ganze Umfeld mit in Betracht ziehen. Wie ist der Boden beschaffen? Welchen Raum hat ein Baum, sich zu entwickeln, wird er bedrängt oder beschattet? Um zu entscheiden, ob ein Sommerschnitt oder ein Winterschnitt förderlich ist, ob zurückhaltend oder kräftig geschnitten werden sollte, muss zunächst die Entwicklung des Baumes in den vorangegangenen Jahren analysiert werden. Der Pomologe fordert die Teilnehmer dazu auf, ganz genau hinzusehen. »An diesem Baum ist bestimmt schon zehn Jahre nichts mehr gemacht worden, und doch hat er kräftigen Neuaustrieb«, beschreibt ein Teilnehmer und zieht den Schluss: »Also ist er noch recht vital und kann einen Sommerschnitt vertragen.« Jan Bade ist zufrieden. Auf geht es zum nächsten Baum.

Kleinod zwischen Einfamilienhäusern

Die »Appelwisch«, eine einzigartige Obstwiese mitten im Hamburger Ortsteil Sasel, ist der ideale Ort für den Schnittkurs. Bereits in den 1930er-Jahren war auf der seinerzeit noch vorstädtischen Fläche ein Gemüsebaubetrieb ansässig, einige Dutzend Apfelhochstämme wurden als zusätzliche Erwerbsquelle gepflanzt. In den 1960er-Jahren verkauften die Eigentümer das inzwischen rundum von Wohnhäusern umringte 2,5 Hektar große Grundstück an die Stadt Hamburg, die es brachliegen ließ, sodass es zunehmend verbuschte. Knapp 20 Jahre später pachtete die Familie Nitz den Grund als Koppel für das Pony der Tochter. Erst mit der Zeit entdeckten sie hinter dem vorgefundenen Wildwuchs den reichen Bestand und die Sortenvielfalt der alten Bäume, die sie in mühevoller Arbeit freilegten und behutsam sanierten.

Das Thema »Apfel« nahm fortan immer mehr Raum ein im Leben der Familie Nitz, die regelmäßig Experten zur Bestimmung der vorgefundenen Sorten einlud. Deren Urteil ist einvernehmlich: Die »Appelwisch« ist ein besonderes Kleinod, ein Naturdenkmal mit eine großen Vielfalt an regionalen alten Apfelsorten. Um die Jahrtausendwende holte Familie Nitz sich Unterstützung: Der BUND, das Bezirksamt Wandsbek, Stiftung Naturschutz Hamburg und der Botanische Verein engagierten sich fortan für den Erhalt und Ausbau der Streuobstwiesen. In den kommenden Jahren wurden Jungbäume nachgepflanzt, auch hier fiel die Wahl bewusst auf regionale Sorten. Aktuell stehen etwa 200 Apfelbäume in 100 Sorten auf der Wiese.

Faszination Streuobstwiese

Jan Bade ist derweil mit seiner Gruppe beim nächsten Baum angekommen. Ein Dutzend Augenpaare folgen ihm, wie er mit ausholenden Bewegungen auf die Besonderheiten des Baumes aufmerksam macht, die beim Schnitt berücksichtigt werden sollten. Jeder ist eine Persönlichkeit für sich, die meisten der Hochstämme sind schon deutlich älter als die darunter stehenden Menschen. »Man braucht Geduld, zehn Jahre sind nicht viel im Leben eines solchen Baumes, und am Ende wird er älter als ich selbst«, erzählt der Pomologe und lässt große Achtung spürbar werden für den Baum als Gegenüber. »Von Natur aus hat der Baum kein Interesse, große Früchte zu bilden – er will, dass die Vögel seine Samen verbreiten. Wenn wir große und süße Äpfel haben wollen, müssen wir durch den Schnitt darauf hinwirken. Aber mit Gewalt kann man dem Baum nichts aufzwingen, man muss ihn fördern, und dazu muss man ihn lesen lernen.«

Oben: Die Bäume auf der Appelwisch bieten Nahrung und Unterschlupf für Kleinsäuger, Insekten und Vögel.
Mitte: Der Obstbaumschnitt lässt sich am besten am konkreten Beispiel lernen.
Unten: Angesichts der großen Vielfalt helfen Schilder, die einzelnen Sorten zu erkennen.

Die »Appelwisch« mit ihrem vielfältigen Bestand ist ein guter Ort dafür. Hier sehen die Bäume nicht aus wie im Lehrbuch, sondern wie in vielen Haus- und Kleingärten auch, wo schon einmal über Jahre keine Pflege stattfindet, bis sich wieder jemand mit neuem Interesse den Bäumen zuwendet. Außerdem ist es Jan Bade wichtig, mit den Kursen vor Ort dazu beizutragen, die »Appelwisch« zu unterstützen. Ehepaar Nitz – mittlerweile im Rentenalter – kann es unmöglich schaffen, alleine die Bäume auf Hamburgs vielfältigster Obstwiese zu pflegen. Öffentlichkeitsarbeit ist wichtig, um den Standort dauerhaft zu sichern, an dem mittlerweile auch etliche umweltpädagogische Veranstaltungen für Schulklassen und Kindergärten stattfinden. Denn die Streuobstwiese ist nicht nur ein Paradies für Pomologen, sondern auch ein ganz besonderes Biotop für heimische Kleintiere und Insekten.

Vom Bauhandwerk zur Pomologie

»Mich fasziniert die Vielfalt, die man hier vorfindet«, erklärt Jan Bade – was ihn dazu getrieben hat, immer tiefer in die Materie einzusteigen und schließlich seinen ursprünglichen Beruf an den Nagel zu hängen. Schon damals lebte und arbeitete er in der größten deutschen Kommune in Niederkaufungen bei Kassel. Etliche Jahre zuvor hatten Mitglieder der Gruppe im Ort die Erlaubnis erhalten, das Obst von einer brachliegenden Streuobstwiese für die Selbstversorgung zu ernten. Auf diese Weise machte Jan Bade intensive Erfahrungen mit den Besonderheiten der unterschiedlichen Sorten, ihrer Reifezeit, ihrer Eignung als Tafel- oder Wirtschaftsapfel und der Entwicklung des Geschmacks während der Lagerung. »Zu der Zeit habe ich noch im Baubetrieb unserer

Oben: Wüchsige Bäume können gut im Sommer geschnitten werden, wenn sie noch im Laub stehen.
Mitte: Fallobst wird regelmäßig aufgesammelt, da in ihnen die Raupen des Apfelwicklers hausen können.
Unten: Zur Sortenbestimmung wirft der Pomologe Jan Bade einen Blick auf das Kerngehäuse.

Links: Auf einige Äste werden zusätzliche Sorten veredelt, für weitere Pflanzungen ist kaum mehr Platz.
Rechts: 'Ruhm aus Kirchwerder' ist eine köstliche regionale Sorte für die Ernte im frühen Herbst.

Kommune mitgearbeitet. Die anderen haben mir aber mehr und mehr Freiraum gelassen, bis ich schließlich soweit war, dass ich mit dem Obst Geld verdienen konnte«, berichtet Jan Bade. Gemeinsam mit einem kleinen Team übernimmt er inzwischen für seine Auftraggeber den Obstbaumschnitt und bietet Kurse zu Gehölzpflege, Schnitt und Sortenbestimmung an – was auf eine stark steigende Nachfrage trifft.

Pomologie ist kein Ausbildungsberuf und es gibt auch kein Studium, das dazu qualifiziert. »Man braucht schon eine ausgeprägte Sammlerleidenschaft, Disziplin und etwas detektivischen Spürsinn bei der Sortenbestimmung«, schildert Jan Bade die besondere Herausforderung und räumt ein »man muss voll darin aufgehen, man muss wirklich extrem sein, sonst schafft man das kaum in einem Leben«. Denn auch wenn alte Sortenbücher und neue elektronische Karteien, die im Austausch mit anderen Pomologen angelegt werden, eine große Hilfe sind, ist doch das konkrete Erfahrungswissen das größte Kapital in seinem Beruf.

Obstwirtschaft mit der Natur

Mittlerweile hat die Kommune Niederkaufungen einige Flächen gekauft, auf denen die Gruppe um Jan Bade selbst Obstpflanzungen vorgenommen hat. Gewirtschaftet wird nach Bioland-Richtlinien ohne Pestizideinsatz und mit kon-

sequenter Nützlingsförderung, denn die Obstwiese ist ein Gesamtorganismus für sich. Der Anbau von Hochstämmen ist dabei nicht die wirtschaftlichste Art und Weise des Obstbaus, sondern eher Liebhaberei. »Es ist spannend, den Bäumen dabei zuzusehen, wie sie sich entwickeln. Ich sehe und begleite sie seit vielen Jahren und beobachte ihre Veränderungen. Ich habe zu fast jedem Baum eine persönliche Beziehung, habe viele selbst gepflanzt oder veredelt«, erzählt Bade, »das verwurzelt mich auch mit dem Ort.« Ein Großteil des Obstes dient zur Selbstversorgung der Kommune, Teile werden im Hofladen verkauft – auch in weiterverarbeiteter Form wie als Gelee oder Saft.

Ganz anders als auf der Streuobstwiese oder der Obstplantage sind die Bedingungen im Haus- oder Kleingarten. »Die meisten Leute kennen ein paar Apfelsorten aus dem Supermarkt und wollen eine davon auch im Garten pflanzen. Doch diese Sorten sind für den intensiven Erwerbsanbau gezüchtet und sehr krankheitsanfällig, sodass man sie häufig spritzen müsste – was man im Garten nicht will. Deshalb sieht dann der Apfel nie so aus wie aus dem Supermarkt.

Besser ist es, man erkundigt sich nach regional angepassten Sorten. Viele alte Sorten kommen ohne Chemieeinsatz zurecht«, rät der erfahrene Spezialst Jan Bade dem privaten Selbstversorger. Ist nur ein sehr kleiner Garten vorhanden, sodass nur ein Apfelbaum gepflanzt werden kann, bietet sich ein mehrfach veredelter Baum an. »Eine gute Baumschule kann einen Mehrsortenbaum so veredeln, dass Wachstumsstärke und Reifezeit zueinander passen, im Idealfall befruchten die Sorten sich auch gegenseitig. Dann kann man einen sehr hohen Ertrag haben.«

Apfelbrot

Zutaten **1 kg Äpfel ¦ 1 Bio-Zitrone ¦ 100 g Zucker ¦ 200 g Rosinen ¦ 500 g Weizenmehl ¦ 1 Päckchen Backpulver ¦ 250 g ganze Haselnüsse ¦ ½ TL Zimt ¦ 1 gehäufter EL Kakao ¦ ½ TL Salz ¦ Fett für die Form**

1 Die Äpfel schälen, entkernen und grob in eine Schüssel reiben. Die Zitronenschale abreiben und die Zitrone entsaften, zusammen mit dem Zucker und den Rosinen unter die Apfelmasse mischen. Die Mischung mindestens 4 Stunden stehen lassen, es geht auch gut über Nacht.

2 Das Mehl in eine Schüssel füllen und mit dem Backpulver vermengen, dann mit der Apfelmasse, den Gewürzen und den Nüssen zu einem Teig verkneten. Den Brotteig in eine gefettete große Kastenform füllen.

3 Das Brot im vorgeheizten Backofen bei 180 °C (Umluft) 70 Minuten backen, während der ersten 30 Minuten mit Alufolie abdecken.

Tipp

Das Apfelbrot schmeckt auch sehr gut mit gesalzener Butter – zum Beispiel als herzhafte Beilage zum Nachmittagstee.

Biotop Streuobstwiese

Vor allem im Südwesten Deutschlands und in Teilen Österreichs ist sie noch häufig zu finden: die traditionelle Streuobstwiese. Auf ihr stehen große alte Apfel- und Birnbäume, häufig auch verschiedene Steinobstarten. Manchmal wird die Wiese beweidet, manchmal wird sie zweimal im Jahr gemäht, um Heu zu gewinnen. Sie ist ein Paradies für diverse Kleinsäuger, Vögel, Reptilien und Insekten, denn hier werden sie viel weniger gestört als dort, wo intensive Landwirtschaft betrieben wird. Zudem ist die Streuobstwiese durchsetzt von etlichen Wildkräutern.

Diese Art des Obstbaus mit knorrigen alten Hochstämmen – in der Regel regionale, ans Klima angepassten Sorten – hat eine mehrere Jahrhunderte währende Tradition und war bis einige Jahre nach dem Zweiten Weltkrieg weit verbreitet. Erst dann hat sich ein quasi industrialisierter Obstbau durchsetzen können: In modernen Obstplantagen stehen niedrigwachsende Sorten in Reih und Glied, sodass sie viel schneller und effektiver beerntet werden können, schließlich sind doch die Löhne der größte Kostenfaktor. Die alte Vielfalt ist dahin, der Markt verlangt nach Standardsorten – und in jedem Discounter deutschlandweit kann die gleiche Apfelsorte gekauft werden. Das erfordert einen höheren Einsatz von Pestiziden als es beim Anbau von regional angepassten Sorten der Fall wäre.

Mit der Umstellung auf die industrielle Obstplantagenwirtschaft seit den 1950er-Jahren ist so eine ganze Kultur verschwunden. Es gibt nur noch wenige Mostereien, zu denen das Streuobst gebracht werden kann. Frischen Most – ob vergoren oder als reinen Saft – gibt es heute kaum noch zu kaufen. Nur in seinerzeit sehr »rückständigen« Gegenden Süddeutschlands haben sich größere Flächen erhalten können. Rund um die Schwäbische Alb sind Streuobstwiesen noch gang und gäbe und im Herbst gibt es in den Wirtschaften traditionell Most mit Zwiebelkuchen.

Anfang der 1980er-Jahre setzte mit der aufstrebenden Ökologiebewegung in kleinen Kreisen ein verändertes Bewusstsein ein, und es fanden sich vereinzelt neue Liebhaber der Streuobstwiese. Diese hatten und haben mit dem Problem zu kämpfen, dass über mehrere Jahrzehnte die Bestände nur schlecht gepflegt wurden und es kaum Neupflanzungen gab. Doch dank ihres Engagements konnten vor allem im Süden etliche Wiesen erhalten bleiben.

An vielen Orten gibt es mittlerweile Streuobstwiesen-Projekte, mal an historischem Ort, mal neu angelegt, mal getragen von einzelnen leidenschaftlichen Obstliebhabern und Landschaftspflegern, mal gepflegt von Vereinen und Gruppen. Dahinter steckt häufig der Wunsch, die große Sortenvielfalt zu erhalten, die vor dem Durchmarsch des industriellen Obstbaus noch üblich war. Manche Kommunen unterstützen dies und stellen Flächen zur Verfügung. Sogar mitten in der Großstadt, wie zum Beispiel im Görlitzer Park in Berlin, entstehen mithilfe von Baumpaten neue Streuobstwiesen – bis diese jedoch richtig eingewachsen sind, werden noch 20 Jahre vergehen. Manche Gemeinden pflanzen Obst-Hochstämme als Alleebäume entlang von wenig befahrenen Straßen, in der DDR war dies zur Versorgung der Bevölkerung bereits gang und gäbe.

Die Initiative www.mundraub.org betreibt auf ihrer Webseite eine Karte, auf der jedermann Oststandorte eintragen kann, die für eine freie Nutzung zugänglich sind. Dort finden sich Alleebepflanzungen ebenso wie herrenlos gewordene Einzelbäume oder Wiesen, die von ihren Eigentümern zur Ernte freigegeben worden sind. In vielen kleineren und größeren Städten gibt es mittlerweile Vereine, die gemeinsam Streuobstwiesen pflegen. Dort werden auch Baumpatenschaften koordiniert, denn kein Baum lässt sich ohne Pflege einfach immer beernten. So können auch Obstfreunde aktiv werden, die kein ausreichend großes Grundstück haben, um eine Wiese mit Hochstämmen anzulegen.

Birne – *Pyrus communis*

Die Birne ist ein Kernobstgewächs aus der Familie der Rosengewächse. Ihr natürliches Vorkommen erstreckt sich auf die mittleren und südlichen Teile Europas sowie Asiens und Nordamerikas. Heute gibt es weltweit mehrere Tausend Birnensorten, die auf diverse Kreuzungen europäischer und asiatischer Wildsorten zurückgehen.

Bereits im antiken Griechenland wurden verschiedene Birnensorten kultiviert. Massiv verfeinert wurde die Birnenzucht schließlich im Frankreich des 16. und 17. Jahrhunderts: Dort befassten sich die Gärtner der feudalen Schloss- und Landhausbesitzer intensiv mit der Kultur von vielfältigen Obstsorten in den herrschaftlichen Potagers. In den barocken Küchengärten mit ihren strengen Formen erfuhr der Anbau an Spalieren besondere Aufmerksamkeit. Einen Höhepunkt erreichte die Birnenzucht schließlich in Frankreich und Belgien im 18. und 19. Jahrhundert.

Die klassische Tafelbirne benötigt zur Ausbildung einer optimalen Fruchtqualität ein Klima, wie man es in Weinbaugebieten findet. Kältere und heißere Standorte sind weniger geeignet, haben aber auch ihre Besonderheiten hervorgebracht wie zum Beispiel die vielen Kochbirnensorten und kleinfrüchtigen Sorten im nördlicheren Europa. Und nicht nur die Früchte, auch das Holz des Birnbaums ist begehrt und wird im Möbelbau und als Schnitzholz sehr gerne verwendet.

Im Garten

Birnen wünschen sich einen tiefgründigen, gerne auch lehmigen Boden ohne Staunässe. Der Standort sollte gut besonnt sein, in kühleren Gegenden ist Windschutz – beispielsweise durch eine Hauswand – optimal. In Lagen mit Spätfrost ist die Blüte gefährdet, die Pflanzung an einer Ostwand beugt der zu frühen Blütenbildung vor.

Die Größe des Baums ist abhängig von der Sorte und von der Unterlage. Für Hochstämme verwendet man als Unterlage Sämlinge von Mostbirnen wie zum Beispiel der 'Kirchensaller Mostbirne' oder 'Wildling von Einsiedel'. Ein solcher Hochstamm kann gut 15 Meter hoch und bis zu 200 Jahre alt werden und benötigt entsprechend Platz. Gut geeignet ist eine Streuobstwiese. Soll der Birnbaum kleiner bleiben, so wird auf einer Quittenunterlage veredelt. Dies hat zugleich den Vorteil, dass die ersten Früchte früher reifen, sie werden größer und bilden meist auch ein intensiveres Aroma aus. Allerdings werden die auf Quitte veredelten Bäume meist nur bis zu 50 Jahre alt. Gepflanzt werden wurzelnackte Jungbäume im Herbst, Containerpflanzen können auch im Frühjahr gesetzt werden.

Der Birnbaum benötigt einen Pflanzschnitt und in den ersten Jahren einen Erziehungsschnitt. Es sind verschiedene Kronenformen sowie Spalier- oder Kordonerziehung möglich. Während ein frei stehender Baum dann nur noch ab und an einen Auslichtungs- bzw. Verjüngungsschnitt benötigt, muss ein Spalier regelmäßig geschnitten werden, um die Form zu erhalten.

Links: Birnen zum Einlagern müssen abgeerntet werden, bevor sie beginnen am Baum weich zu werden.
Rechts: Die meisten Birnensorten schmecken einige Tage bis Wochen nach der Ernte am besten.

Ein großes Problem für den Birnenanbau ist in den letzten Jahren die Verbreitung des Birnengitterrosts geworden. Dieser Pilz überwintert auf Wacholder und seine Sporen werden im Frühjahr durch den Wind auf die Blätter von Birnbäumen übertragen. Erkennbar ist dies an braun-orangen Flecken auf den Blättern, die mit der Zeit größer werden und auf der Blattunterseite zu Wucherungen führen. Befällt der Pilz einen Baum immer wieder, kann er ihn soweit schwächen, dass er eingeht. Eine chemische Behandlung ist möglich – in Klein- und Hausgärten ist es jedoch wirkungsvoller, den gegebenenfalls vorhandenen Wacholderbestand zu roden oder den Pilz direkt am Wacholder zu bekämpfen und damit an seiner Ausbreitung zu hindern.

Für die Befruchtung benötigen Birnen eine zweite Sorte in der Umgebung. Wo viele Birnbäume stehen, zum Beispiel in Kleingartenanlagen, ist dies überhaupt kein Problem. Soll ein Baum in Einzellage gepflanzt werden, sollte man sich bei der Baumschule nach der am besten geeigneten Befruchtersorte erkundigen und diese dazu pflanzen oder zusätzlich auf den Baum veredeln.

Sorten

Im Grunde gibt es bei Birnen drei Sortengruppen, wobei sich ihre Eigenschaften auch überschneiden können.

Tafelbirnen sind die edelsten Birnen, sie schmecken roh verzehrt oder zu Kompott verarbeitet besonders gut. Wie auch beim Apfel trifft die Pflückreife nicht bei jeder Sorte mit der Genussreife zusammen. Manche Sorten gewinnen erheblich an Geschmack, wenn sie erst einige Zeit gelagert worden sind. Durch die geschickte Wahl verschiedener Sorten – möglicherweise auch auf einem Baum veredelt – kann man frische Birnen vom Hochsommer bis in den Winter hinein ernten.

- 'Bunte Julibirne' ist eine französische Birnensorte, die sich schon über 150 Jahre bewährt hat. Die Bäume werden nicht allzu groß und sind daher gut für den Hausgarten geeignet. Die Früchte reifen ab Mitte Juli. Sie werden mittelgroß, die Schale ist gelbgrün mit rötlichen Streifen durchzogen. Die Früchte sind bei der Ernte verzehrreif und nicht lange lagerfähig.
- 'Isolda' wurde in der ehemaligen DDR gezüchtet und ist eine unkomplizierte Sommerbirne. Sie kann ab Anfang August geerntet werden und bleibt etwa vier Wochen lang genussreif, ohne teigig zu werden. Die Früchte sind mittelgroß, bei Vollreife gelb-rot, süß und mit feinem Aroma.
- 'Blutbirne', auch 'Sanguinole' genannt, ist eine mehr als 300 Jahre alte Besonderheit, da ihr Fruchtfleisch rötlich marmoriert ist. Die Sorte ist anspruchslos und auch für die Pflanzung auf Streuobstwiesen geeignet. Die kugelförmigen Früchte reifen ab Mitte August. Die Schale ist zunächst hellgrün und verfärbt sich später rötlich. Die Birnen sind sehr süß, sie halten sich nicht lange.
- 'Clapps Liebling' wurde vor 150 Jahren in England aus einem Zufallssämling gezogen. Die Birne erfreut sich bis heute großer Beliebtheit auch im Erwerbsanbau, denn sie ist gut transportfähig. Sie wird ab Mitte August geerntet

und wird in den Wochen darauf genussreif. Dann ist sie sehr süß, saftig und feinaromatisch. Die Früchte bleiben auch bei Reife grün mit hellbraunen Pünktchen.

- 'Gute Graue' ist eine mehrere Hundert Jahre alte Sorte. Sie ist robust und wächst zu einem kräftigen Baum. Die Frucht wird nicht sehr groß und ist aufgrund ihrer grün-braungrauen festen Schale eher unscheinbar. Ab Ende August kann geerntet werden, die Früchte sind saftig süßsäuerlich mit einem leichten Zimtaroma. Sie sind nur zwei bis drei Wochen lagerfähig, aber sehr gut zum Dörren geeignet.
- 'Williams Christ' ist seit etwa 200 Jahren in England bekannt. Die Sorte ist in der Kultur eher anfällig für Schorf und Feuerbrand und verträgt auch stärkeren Frost nicht sehr gut. Sie bringt exzellente Tafelbirnen mit cremeweißem, saftig-schmelzenden hocharomatischen Fruchtfleisch hervor. Geerntet wird ab Ende August, haltbar sind die Früchte zwei, drei Wochen.
- 'Conference' ist eine robuste Sorte, die auch im Norden gedeiht. Der mittelstark wachsende Baum trägt flaschenförmige Früchte mit grünbrauner fleckiger Haut, welche bei Genussreife süß, aromatisch und saftig sind. Sie werden ab Mitte September hart geerntet und sind dann auf einem kühlen Lager bis in den späten Winter haltbar.
- 'Decora' ist eine gegen den Feuerbrand unempfindliche Sorte. Sie wächst säulenförmig und ist daher bedingt auch für den Anbau in einem großen Kübel auf Balkon und Terrasse geeignet sowie für sehr kleine Gärten. Geerntet wird Anfang Oktober, die Sorte ist bei kühler Lagerung bis weit in den Winter haltbar.
- 'David' wurde in den 1990er-Jahren im Institut für Obstforschung Dresden-Pillnitz gezüchtet. Diese Sorte weist einen mittelstarken Wuchs auf und ist schorftolerant und recht robust. Der Ertrag setzt früh ein, die Früchte sind mittelgroß, zunächst gelbgrün und dann in Gelb umfärbend und rötlich überhaucht. Das Fruchtfleisch ist mittelfest und saftig, süß und aromatisch. Geerntet wird Mitte bis Ende Oktober, genussreif sind die Birnen von November bis Januar.
- 'Novembra' ist eine der spätesten Birnensorten. Sie wurde in Moldawien gezüchtet. Die Früchte sind mittelgroß und von kräftigem Grün. Das Fruchtfleisch bleibt auch bei Genussreife recht fest, dabei aber saftig und feinaromatisch. Erntezeit ist ab Mitte Oktober bis zum Frost. Die Birne hält sich auf dem Lager etwa zwei Monate.

Mostbirnen sind vor allem im Voralpenland und allgemein in Süddeutschland verbreitet. Sie eignen sich besonders zum Anbau auf Streuobstwiesen. Sie wachsen auf Hochstämmen und werden zur Ernte vom Baum geschüttelt, sollten dann aber gleich zum Saften gebracht werden. Die meisten Mostbirnen sind auch für die Herstellung von Obstbränden gut geeignet.

- Die 'Schweizer Wasserbirne' lässt sich noch in Höhen bis zu 800 Meter anbauen. Die Bäume werden groß und sind robust. Die eher kleinen Früchte sind grobzellig, aber saftig mit mildem Aroma. Sie können ab Mitte September vom Baum geschüttelt werden. Wenn man sie pflückt, halten sie bis Ende November. Geeignet für Most und zum Einkochen.
- 'Gelbmöstler' ist ein Zufallssämling aus der Schweiz, der im süddeutschen Raum sehr verbreitet ist. Die Bäume sind starkwüchsig und bilden breite Kronen. Die Früchte bleiben klein, haben ein grobzelliges Fruchtfleisch und geben viel Saft. Ihr Geschmack ist herb. Geerntet wird Anfang bis Mitte Oktober.
- Die 'Oberösterreichische Weinbirne' wächst zu einem kräftigen großen Baum heran und trägt mittelgroße gelbgrüne Früchte, die ab Mitte Oktober geerntet werden. Sie sind sehr saftig und säuerlich-herb.

Kochbirnen sind eine Domäne der kälteren Anbaugebiete. In Norddeutschland gibt es eine große regionale Vielfalt. Sie werden nicht roh verzehrt, sondern zu Kompott verarbeitet oder auch herzhaften Eintöpfen und Gerichten beigegeben.

Rechts: In Süddeutschland – wie hier im Allgäu – haben Birnenspaliere an Hauswänden eine lange Tradition.

- 'Gieser-Wildeman' ist eine aus den Niederlanden stammende Sorte. Die Bäume sind robust und kommen auch mit kühlerem Klima gut zurecht. Die Früchte sind klein und gelbbraun mit einer harten fleckigen Schale. Das Fruchtfleisch enthält recht viele Steinzellen. Durch langes Kochen verfärbt es sich rosa. Die Birne wird ab Ende September geerntet und ist bis Mitte Januar haltbar.
- 'Römische Schmalzbirne', auch 'Melanchthonbirne' genannt, ist eine sehr alte Sorte, die möglicherweise bereits von den Römern nach Mitteleuropa gebracht wurde. Sie ist sehr unempfindlich und robust. Sie reift ab Anfang September über einen längeren Zeitraum. Die reifen Früchte sind gelb und an der Sonnenseite rot geflammt mit kleinen Pünktchen. Sie sind saftig, schmecken anfangs herb und in Vollreife sehr süß. Sie sind sowohl für den Rohgenuss wie fürs das Saften oder Kochen geeignet.
- 'Trockener Martin' oder auch 'Rote Hutzelbirne' ist eine über 200 Jahre alte Sorte, die nur geringe Ansprüche an Boden und Klima stellt. Sie reift Ende Oktober und ist bis Dezember haltbar. Die Früchte haben eine raue Schale mit gelbgrauer Grundfarbe, die von einem kräftigen Rotbraun überzogen sein kann. Die für eine Kochbirne recht süßen Früchte sind auch zum Dörren geeignet.

Ernten und Lagern

Birnen, die länger gelagert werden sollen, müssen noch vor der Vollreife geerntet werden. Dies erfordert ein wenig Erfahrung, denn auch wenn in den Sortenbeschreibungen der Zeitpunkt der Pflückreife genannt wird, so kann dieser doch je nach Lage und Wetterverlauf abweichen. Bleiben die Birnen zu lange am Baum, werden sie schnell teigig oder mehlig.

Geerntet wird am besten vormittags bei trockenem Wetter. Der Stiel sollte dabei an der Frucht bleiben. Nur solche Birnen, die keine Schäden aufweisen, dürfen gelagert werden. Alle übrigen müssen schnell verbraucht oder weiterverarbeitet – zum Beispiel entsaftet – werden.

Birnen sollen nicht zusammen mit Äpfeln gelagert werden, da Letztere ein Reifegas ausströmen, das die Haltbarkeit der Birnen beeinträchtigt. Der ideale Lagerplatz hat eine Temperatur von 2 bis 4 °C und eine recht hohe Luftfeuchtigkeit. Im normalen Hauskeller ist dies nur selten gegeben, der Kühlschrank ist dann eine gute Wahl. Er sollte regelmäßig kurz zum Lüften geöffnet werden, dabei werden auch gleich schadhafte Früchte aussortiert. Die Länge der Lagerzeit ist sortenabhängig.

Birnen lassen sich gut zu Kompott einkochen. Bereits gedünstete Früchte können sogar eingefroren werden. Sehr lecker sind auch getrocknete Birnen. Dazu werden die Früchte in etwa 5 Millimeter dicke Scheiben geschnitten und in einem

Links: Wenn man Kompott aus Tafelbirnen kochen möchte, sollten die Früchte frisch geerntet und fest sein.

Dörrapparat oder in einem Backofen bei 50 °C und leicht geöffneter Tür getrocknet, bis sie ledrig sind.

In der Küche

Tafelbirnen werden am liebsten roh verzehrt. Vor allem Sorten mit saftig-schmelzendem Fruchtfleisch eignen sich bestens für einen Obstsalat, der durch Brombeeren und Heidelbeeren eine besondere Note erhält. Zum Süßen – sofern nötig – sind Honig oder Ahornsirup zu empfehlen. Birnen werden auch gerne mit Käse gegessen, gut harmonieren Blauschimmelsorten sowie Cheddar, Stilton und Pecorino.

Kocht man Birnen als Kompott, so kann man ein oder zwei Nelken in den Sud geben. Die Früchte können außerdem in Rotweinsud eingekocht werden. Die Garzeit von Tafelbirnen ist kürzer als von anderen Birnen. Zum Backen und Kochen sind sie allerdings nur bedingt geeignet, da sie sehr saftig sind. Kochbirnen haben zudem meist ein herberes Aroma, was besonders bei herzhaften Gerichten erwünscht ist. In Butter gebratene und karamellisierte Birnen mit gerösteten Nüssen sind eine herbstliche Delikatesse. Als Gemüsebeilage harmonieren sie gut mit Esskastanien, Fenchel oder grünen Bohnen – ein klassisches Winterrezept aus Norddeutschland sind Bohnen mit Birnen und Speck.

Reportage

Birnen im Garten von Jens Meyer

Wenn Tischlermeister Jens Meyer von der Arbeit zurück ist, dreht er erst einmal eine Runde durch seinen Garten und schaut nach dem Gemüse, den Obstbäumen, den Blumen und den Tieren, die zusammen mit ihm und seiner Frau Carola auf dem großen mecklenburgischen Resthof leben. Bei schönem Wetter gibt es dann noch einen Kaffee draußen am Sitzplatz vorm Gemüsegarten mit Blick über die nachbarliche Kälberkoppel.

Immer gerne draußen

Für die Natur hat er sich schon immer interessiert: Als Junge sammelte er Mineralien, Fossilien und Schmetterlinge, und mit 14 trat er dem Deutschen Bund für Vogelschutz bei. Später wurde er Mitglied in einem lokalen Naturschutzverein. Etliche Jahre hat Jens Meyer in einem Bauwagen in einer kleinen Wagenburg gelebt, die seit einer Platzbesetzung zum selbstverwalteten Jugend-, Polit- und Kulturzentrum »Alternative« in Lübeck gehört. Dort musste anfangs vieles neu gebaut und hergerichtet werden, und dabei entdeckte er sein Interesse am Handwerk und entschloss sich, eine Tischlerlehre zu machen.

Gemeinsam mit Freunden aus dem Wohnprojekt legte er seinerzeit auch einen ersten »Versuchsgarten« an. »Ich hatte keine Ahnung, habe bei Null angefangen«, erinnert er sich, »wir haben ein Gewächshaus gebaut und den Garten unter Gesichtspunkten der Selbstversorgung gestaltet. Ich habe mit Kräutern experimentiert und Gemüse angebaut – das hat einfach Spaß gemacht.«

Ein Garten muss sein

Zwei Wünsche waren maßgeblich, als sich Jens Meyer und seine Freundin, die ebenfalls in einem Bauwagen wohnte, kurz vor der Jahrtausendwende auf die Suche nach einem Haus auf dem Land machten: Jens träumte mittlerweile von einem großen Garten »und Carola wollte Pferde«. Schließlich entdeckten die beiden einen alten Resthof in Mecklenburg, der ihnen mit einem Hektar Land drum herum ideal geeignet schien, um dort ihre Träume zu verwirklichen.

»Da habt Ihr euch was vorgenommen«, sagten Freunde, die zu Besuch kamen, und Handwerker Jens war zunächst mit der Renovierung des 160 Jahre alten Hauses beschäftigt – der Garten musste erst einmal zurückstehen. So bedeckte er im ersten Jahr einfach den verunkrauteten Boden mit Stroh, um unter dem Mulch alle unerwünschte Vegetation zu ersticken. Im Folgejahr begann er mit ersten Aussaaten und vergrößerte dann schrittweise die Anbaufläche, bis der Gemüsegarten vor acht Jahren seine jetzige Größe erreicht hatte. »Jetzt habe ich hier 150 Quadratmeter,

Links: Im Frühjahr dünnt Jens Meyer die Blüten aus, um den Fruchtbehang optimal zu steuern.
Rechts: Zur sicheren Bestimmung einer Sorte sollten mindestens fünf Früchte vorliegen, damit typische Merkmale festgestellt werden können.

die ich intensiv mit Vor- und Nachkulturen bewirtschafte. Wir können gar nicht alles essen, was wir ernten, und verschenken viel.«

Was hängt da am Baum?

Mit dem Hof hatte das Paar auch fünf alte Hochstamm-Obstbäume übernommen: An ihnen hingen Zettel, auf denen Sortennamen standen. Von den Nachbarn erfuhren sie, dass einmal ein Professor aus Kiel gekommen sei, um die Bäume zu bestimmen. Als Jens Meyer einem alten Schulfreund, der sich beruflich auf Obstbau und Gehölzpflege spezialisiert hatte, davon erzählte, kamen Zweifel an der richtigen Zuordnung auf. Damit war der detektivische Ehrgeiz bei Jens geweckt. Er fand heraus, dass einer seiner Apfelbäume der seltenen und sehr lange lagerfähigen Sorte 'Northern Spy' angehört. Sie hatte in den 1950er-Jahren als besondere Empfehlung für das regionale Klima gegolten. Inspiriert von dieser ersten Beschäftigung mit der Sortenvielfalt begann er unter Anleitung des Freundes, selbst verschiedene Apfelsorten zu veredeln und Apfeltage zu besuchen. 2006 lernte er bei einer Sortenbestimmung in einem Nachbarort den Pomologen Jan Bade kennen, mit dem er sich rasch anfreundete, und reiste in dem Jahr auch zum ersten Mal zur jährlich stattfindenden Obstmesse EUROPOM.

Knapp 100 Bäume in 10 Jahren

Nun hatte Jens Meyer endgültig Feuer gefangen. Binnen weniger Jahre veredelte er 150 Apfel- und 190 Birnensorten auf knapp 100 Bäume. Diese stehen teils als Spalier an den Wänden von Wohnhaus und Schuppen, teils frei auf dem Grundstück und manche wachsen sogar entlang der holperigen Kopfsteinpflasterstraße, die ins Dorf führt. »Ich hatte die Bäume in meiner eigenen kleinen Baumschule herangezogen und wusste nicht mehr, wohin damit. Da habe ich den Nachbarn gefragt und durfte sie an seinen Grundstücksrand pflanzen. Genauso war es mit der Agrargenossenschaft hier, die hatten auch nichts dagegen einzuwenden«, erzählt er. Die Nachbarn in dem kleinen Ort finden seine Initiative gut und freuen sich, dass jemand aktiv ist. »Die Bäume fangen gerade an zu tragen, das meiste verschenke ich«, erklärt er. Noch findet er genug Abnehmer, aber wenn die Bäume erst einmal im Vollertrag sind, wird er auch Saft pressen lassen.

Birnen, das verkannte Obst?

»Im 19. Jahrhundert hatte die Birne teilweise eine größere Bedeutung als der Apfel«, weiß Jens Meyer, der sich ein umfangreiches Wissen über die Geschichte des Obstbaus angelesen hat. Die robuste und ertragreiche Wirtschaftsbirne war weit verbreitet. Die Früchte wurden auf dem Land mit der Restwärme vom Brotbacken in großen Öfen gedörrt und somit für den Winter haltbar gemacht. Trockenobst hatte damals eine große Bedeutung für die Ernährung im Winter, in Süddeutschland wurde aus Birnen gerne Most oder Obstbrand gemacht.

Vor allem aber kannten sich die Menschen besser mit der richtigen Ernte und Lagerung von Tafelbirnen aus. Nur wenige Sorten schmecken direkt vom Baum. »Man muss den idealen Erntezeitpunkt kennen, das ist Erfahrungssache und von Jahr zu Jahr anders. Und dann muss man wissen, wie lange die Birne gelagert werden will, bis sie ihren geschmacklichen Höhepunkt erreicht hat«, sagt Birnenfachmann Meyer. Eine gut gereifte Birne ist schmelzend, aber nicht mehlig oder mulschig, sie ist voll aromatisch und je nach Sorte süß bis würzig. Die moderne Lebensmittelindustrie kann es sich nicht leisten, die Früchte in diesem Zustand auf dem Markt zu bringen – und die Kunden haben sich an feste Birnen gewöhnt. Viele bevorzugen inzwischen knackige Früchte und wissen nicht mehr, was ihnen entgeht.

Genuss für alle Sinne

Für den Pomologen Meyer hingegen steht der Genuss von voll ausgereiftem Obst und Gemüse ganz oben an: »Wir schwelgen hier im Überfluss! Ich koche gerne, und in solch einer Qualität, wie die selbst produzierten Lebensmittel sie haben, kannst Du sie nirgends kaufen. Das möchte ich nicht mehr missen.« So erklärt er, warum er sich die Mühe macht, von Salat über Tomaten, Auberginen und Rosenkohl bis hin zu Kräutern alles anzubauen, was in seinem Garten wächst. Fleisch gibt es von den Schafen, die ursprünglich als »Rasenmäher« für die Pferdekoppel angeschafft worden sind. Sie liefern auch guten Dung. Und alles Weitere wird im Bioladen

Oben: Der üppige Gemüsegarten reicht für die Selbstversorgung locker aus.
Mitte: Um der Vielfalt Herr zu werden, hat Jens Meyer mehrere Birnensorten auf einen Baum veredelt.
Unten: Entlang des Zaunes werden die jungen Bäume spalierartig an Drähten gezogen.

gekauft, weil die Erfahrungen mit der eigenen Produktion zu einer hohen Wertschätzung von ökologisch hergestellten Lebensmitteln geführt haben.

Das leckere Obst aus eigenem Anbau ist da eine wertvolle Ergänzung. Jeder Monat hat in der Hinsicht seine Höhepunkte: Im Juni ist die Erdbeere 'Mieze Schindler' reif, die hocharomatisch, aber so empfindlich ist, dass man sie am besten gleich im Garten nascht. Im Hochsommer freut sich Jens Meyer auf die kleinfruchtige würzige 'Juli-Dechantsbirne' und die Aprikose 'Ungarische Beste', die an einem Spalier an der Hauswand reift. Im Herbst ist die Fülle fast unüberschaubar, und im Winter sowie dem zeitigen Frühjahr haben Lagerbirnen wie 'Josefine von Mecheln' und 'Professor Grosdemange' ihre beste Zeit. Diese werden im Stall in einem extra für diesen Zweck gedämmten Schrank aufbewahrt und halten sich so bis Januar oder Februar.

Überwintern am Schreibtisch

Während er in der warmen Jahreszeit sein Haus fast nur zum Schlafen betritt, mutiert Jens Meyer im Spätherbst zum Stubenhocker. Nach Feierabend ist die Pomologie an der Reihe: Früchte, die er von Sortenbestimmungstagen mitgebracht hat oder die ihm geschickt worden sind, werden nun fotografiert und beschrieben.

Gemeinsam mit Jan Bade und Annette Braun-Lüllemann engagiert er sich als Koordinator im »Erhaltnetzwerk Sortenvielfalt« innerhalb des Pomologen-Vereins. Derzeit arbeiten die drei Experten am Aufbau einer digitalen Datenbank, in die bald erste Sorten eingepflegt werden können. Ziel ist, dadurch einen Überblick über die Verbreitung der hierzulande vorhandenen Obstsorten zu erhalten, ihre Bestimmung zu erleichtern und dem Verlust von Sorten entgegenzuwirken. Dazu kommen das umfangreiche Studium historischer pomologischer Literatur und die Anlage einer Literaturdatenbank, mit deren Hilfe sich alte Quellen und Beschreibungen zu einer Sorte schneller finden lassen sollen.

Trotzdem bleibt der Sortenname von etlichen Früchten, die durch die Hände von Jens Meyer gehen, zunächst einmal unbekannt. Diese werden aber dennoch beschrieben und erhalten einen Arbeitsnamen, in der Hoffnung, sie später einmal richtig bestimmen zu können. Sofern der Pomologe an ein Edelreis gelangt, wird er interessante unbekannte Sorten auch veredeln, um sie erst einmal zu erhalten – denn gerade unbekannte Sorten sind vom Aussterben bedroht. »Eigentlich sage ich jedes Jahr: Jetzt reicht es. Aber dann träume ich doch davon, noch eine Obstwiese anzulegen und auch an der Straße noch zwei Dutzend Bäume zu pflanzen, um dieser Vielfalt überhaupt gerecht werden zu können.«

Lammkeule mit Kochbirnen und Walnüssen

1 Lammkeule (1,5 bis 2 kg) ¦ 4 EL Olivenöl ¦ 6–7 Knoblauchzehen ¦ Peperoni nach Belieben ¦ 400 ml trockener Rotwein ¦ 1 kg Kochbirnen (ersatzweise Tafelbirnen) ¦ 150 g Walnüsse gemahlen ¦ 125 ml Schmand ¦ Salz ¦ Pfeffer

Die Lammkeule rundum in einem Bräter in Olivenöl anbraten. Den Knoblauch schälen, die Peperoni entkernen und in Stücke schneiden, beides zur Lammkeule geben.

Den Bräter bei 180 °C (Umluft) ohne Deckel in den Backofen stellen, die Keule in der Folgezeit immer wieder mit dem Rotwein begießen. Ist der Wein verbraucht, kann man dazu etwas Wasser oder den Bratensaft nehmen.

Nach einer Stunde die geschälten, entkernten und in Scheiben geschnittenen Kochbirnen in den Bräter geben und gemeinsam mit der Lammkeule schmoren. Es soll sich nun ordentlich Soße bilden – eventuell muss etwas Wasser zugegeben werden.

Nach einer weiteren Stunde den Braten und den größten Teil der Birnen herausnehmen und warm stellen. Die gemahlenen Walnüsse und den Schmand in die verbliebene Soße einrühren, mit Pfeffer und Salz abschmecken und noch einmal aufkochen. Den Braten aufschneiden und mit den Birnenscheiben garnieren.

Schneiden für eine bessere Ernte

Baumschnitt ist eine Kunst für sich – so denken viele und finden keinen Mut, es anzupacken. In der Tat handelt es sich dabei um althergebrachtes Erfahrungswissen, das man sich oft leichter von jemandem, der weiß, was er tut, abguckt, als es aus einem Buch zu erlernen. Doch es ist überhaupt nicht schwer, ein paar Grundregeln zu erlernen und anzuwenden. Wie sehr man dann noch ins Detail gehen möchte, ist Typsache. Besser, Sie schneiden Ihre Bäume und Sträucher nach ein paar Basisregeln, als dass Sie es gar nicht tun. Und vielleicht bekommen Sie mit der Zeit sogar Lust, Ihr Wissen zu vertiefen und besorgen sich ein Buch zum Obstgehölzschnitt, denn hier an dieser Stelle können nur absolute Grundregeln vermittelt werden.

WARUM ALSO SCHNEIDEN?

Es gibt mehrere Gründe: Die Erziehung zu einer bestimmten Wuchsform hin hat einen deutlichen Einfluss auf den Ertrag eines Obstgehölzes und auf die Qualität der Früchte. Ein Baum oder Busch, der regelmäßig geschnitten wird, bekommt die Chance, sich zu regenerieren und vergreist nicht so schnell. Lichtet man aus, kann mehr Licht und frische Luft in die Krone oder in den Strauch fallen, das Risiko von Krankheitsbefall sinkt und die Früchte entwickeln eine bessere Qualität.

ERZIEHUNG DES JUNGBAUMS

In den ersten Jahren nach der Pflanzung erhält ein Baum die Grundform, die er normalerweise über seine ganze Standzeit behalten wird. Sinnvoll ist eine Erziehung zu einem Baum mit einem Haupttrieb (Leittrieb) und drei bis vier Seitenästen, die sich gleichmäßig um den Haupttrieb herum verteilen. Die Seitenäste sollten Sie danach auswählen, dass sie nicht zu steil und auch nicht zu flach sind, sondern idealerweise etwa in einem Winkel von 45 Grad zum Haupttrieb stehen. Alle Triebe werden um etwa ein Drittel eingekürzt.

FLACH ODER STEIL?

Die Wuchsrichtung von Ästen hat einen entscheidenden Einfluss auf das Wachstum und den Ertrag eines Baumes. Äste, die steil nach oben wachsen, drängt es dazu, immer mehr in die Höhe zu gehen. Es entsteht neues Holz, aber es wachsen keine Früchte. Flache Äste hingegen sind Tragäste, an ihnen entstehen viele Blüten und reifen Früchte. Dies kann dazu führen, dass sie mit der Zeit immer flacher werden oder sich sogar nach unten neigen. Letzteres ist unerwünscht, weil dann zwar starker Fruchtansatz erfolgt, die Qualität der Früchte aber zu leiden beginnt. Seitenäste sollen idealerweise einen Winkel von etwa 45 Grad bilden. Ist dies nicht der Fall, können Sie mit dem Einkürzen von Trieben die Wuchsrichtung steuern. Dabei sollten einzelne Äste immer über einem darunter abzweigenden Seitentrieb abgeschnitten werden – im Fachjargon nennt man das »ableiten«. Man kann auch auf den Winkel eines Astes Einfluss nehmen, indem man ihn mit einem Seil auf- oder herunterbindet oder mithilfe von kleinen Hölzchen als Abstandshalter abspreizt.

KEINEN DSCHUNGEL ZULASSEN

Für Obstbäume wie für Sträucher gilt gleichermaßen: Wenn sich im Inneren ein Dickicht bildet, muss ausgelichtet werden. Weggeschnitten werden sollen Zweige, die sich überkreuzen, die nach innen zeigen oder die nach unten wachsen. Und natürlich gehört totes Holz entfernt. »Durch eine gut geschnittene Krone kann man einen Hut werfen, ohne dass er hängen bleibt«, sagt eine alte Gärtnerregel. Das mag nun ein bisschen übertrieben scheinen, sagt aber deutlich, worauf es ankommt.

EIN APFEL IST KEINE KOPFWEIDE

Wenn man durch Kleingartenanlagen spaziert, entdeckt man immer wieder Apfelbäume, die einem umgekehrten Besen

Oben: Gute und scharfe Scheren verhindern unsaubere Schnittstellen – das beugt Krankheiten vor.

ähneln. Diese Missgestalten sind das Ergebnis eines Teufelskreislaufs, in den Gärtner und Baum geraten sind. Der Gärtner hat es gut gemeint und kräftig geschnitten, der Baum hat daraufhin mit ebenso kräftigem Neuaustrieb reagiert. Nun meint der Gärtner noch mehr schneiden zu müssen, um Herr des Problems zu werden, woraufhin der Baum ebenfalls zulegt. Früchte trägt er nun keine mehr – fragt der Gärtner andere um Rat, so wird ihm in der Regel gesagt, er müssen nur richtig schneiden, um zum ersehnten Ertrag zu kommen. Und so geht es weiter. Um dies zu vermeiden, muss man Folgendes wissen: Der Schnitt fördert das Wachstum des Holzes, und zwar besonders dann, wenn im Winter geschnitten wird – bei Jungbäumen macht das Sinn, und auch bei vergreisten Bäumen, die verjüngt werden sollen. Ein Baum in den besten Jahren hingegen sollte eher im Sommer geschnitten werden. Ist dies lange Zeit nicht geschehen, so darf man nicht alles auf einmal nachholen, sondern sollte die Schnittmaßnahmen auf drei Jahre verteilen.

BEERENOBST SCHNEIDEN

Für Beerensträucher gilt, dass sie regelmäßig ausgelichtet werden müssen. Dazu kann jedes Jahr im Sommer etwa ein Fünftel der älteren Triebe entfernt werden. Bei Brombeeren und Sommerhimbeeren werden im Herbst die abgetragenen Ruten entfernt und die neuen Ruten aufgebunden – sie werden im Folgejahr Früchte tragen. Herbsthimbeeren werden vor dem Winter vollständig runtergeschnitten.

DER OPTIMALE SCHNITTZEITPUNKT

	Jan	Feb	Mär	Apr	Mai	Jun	Jul	Aug	Sep	Okt	Nov	Dez
Apfel[1]	●●	●●●	●●●					●●●	●●●			
Apfelbeere	●●●	●●●					●●					●
Aprikose			●●	●●●				●●●	●●●			
Birne[1]	●●	●●●	●●●				●●					
Brombeere	●●●	●●●	●●●	●●●							●●●	●●●
Feige				●●●				●●●	●●●			
Felsenbirne	●●●	●●●										
Himbeere, sommertragend							●●●	●●●	●●●			
Himbeere, herbsttragend										●●●	●●●	
Holunder			●●●	●●●				●●●	●●●			
Johannisbeere	●	●	●			●●●	●●●					
Kirsche							●●●	●●●				
Kiwi	●●●	●●●	●●●									
Maulbeere			●●●									
Mirabelle, Reneklode				●●●			●●●	●●●				
Mispel	●●●	●●●	●●●				●●●	●●●				●
Pfirsich, Nektarine			●●	●●●			●●●	●●●				
Pflaume, Zwetsche							●●●	●●●				
Quitte	●●●	●●●	●●●	●●●			●●●	●●●				●●
Stachelbeere	●	●	●				●●●	●●●				●
Weinrebe			●●●	●●●		●●●	●●●					

●●● – sehr guter Zeitpunkt   ●● – gut geeigneter Zeitpunkt   ● – möglicher Zeitpunkt

1 Winterschnitt fördert das Wachstum, Sommerschnitt ist weniger wuchsfördernd

Birnentarte mit Blauschimmelkäse

Zutaten **750 g Kochbirnen (oder feste Tafelbirnen) ¦ 250 g Mehl ¦ 125 g Butter ¦ 1 TL Zucker ¦ ½ TL Salz ¦ 2 Eier ¦ 200 g Gorgonzola oder Blauschimmelkäse nach Belieben ¦ 200 g Ricotta ¦ ½ TL Pfeffer ¦ ein paar Zweige Rosmarin ¦ ein paar Blätter Salbei**

1 Aus Mehl, Butter, 1 TL Zucker, ½ TL Salz und 1 Ei einen Mürbeteig kneten. Ist er noch zu krümelig, nach und nach je 1 TL Wasser zufügen. Nach dem Kneten 30 Minuten im Kühlschrank ruhen lassen.

2 Die Birnen waschen, putzen, vom Kerngehäuse befreien und zu Schnitzen schneiden.

3 Den Blauschimmelkäse mit einer Gabel zerrupfen, mit dem Ricotta, dem Pfeffer und 1 Ei vermengen. Ein wenig klein geschnittenen Rosmarin und Salbei unterrühren.

4 Eine Tarteform einfetten und mit dem Teig auskleiden. Die Käsemasse darauf verteilen. Die Birnenschnitze im Kreis auslegen.

5 Bei 180 °C (Umluft) auf mittlerer Schiene 45 Minuten backen. Weitere 15 Minuten nach dem Abstellen des Backofens bei leicht geöffneter Tür nachgaren lassen. Lauwarm servieren.

Tipp

Wer einen kräftigen Käsegeschmack liebt, nimmt 300 g Roquefort und 100 g Ricotta.

Quitte – *Cydonia oblonga*

Die Quitte ist ein Kernobstgewächs, dessen Früchte erst spät im Herbst reifen und nicht roh verzehrt werden. Verarbeitet zu Kompott, Saft oder Gelee hingegen entfaltet das gelbe Obst sein intensives unverwechselbares Aroma. Besonders betörend ist der Duft der frisch geernteten Früchte – wenige reichen bereits aus, um ein ganzes Zimmer damit zu parfümieren.

Wildformen der Quitte sind im Kaukasus und in Persien zu finden. Bereits im antiken Europa wurde sie in Griechenland und auf Kreta unter Kultur genommen und hat sich von dort aus im Süden des Kontinents verbreitet. In Mitteleuropa wird sie seit dem Mittelalter bevorzugt in Weinbaugebieten angebaut. Schon damals hat Hildegard von Bingen sie wegen ihrer stärkenden Wirkung bei Kranken und Rekonvaleszenten beschrieben. Aus den Früchten wurden Obst- und Branntwein, Saft, Marmelade und Quittenbrot bzw. -konfekt bereitet. In den letzten 100 Jahren ist die Quitte mehr und mehr in Vergessenheit geraten und war lange bestenfalls auf gut sortierten Wochenmärkten oder in Feinkostgeschäften erhältlich. Seit Kurzem ist sie erfreulicher Weise jedoch wieder stärker in den Fokus gerückt.

Im Garten

Quitten mögen Wärme, gedeihen aber auch noch in Norddeutschland oder auf moderater Höhe, wenn sie einigermaßen windgeschützt stehen und genügend Sonne bekommen. Sie sind empfindlich gegen sehr tiefe Wintertemperaturen, die das Holz zerstören können. Frühjahrsfröste hingegen sind kein Problem, da die Quitte erst sehr spät – noch einige Zeit nach dem Apfel – blüht. Die Bäume werden im Hausgarten sechs bis acht Meter hoch und sind alles in allem eher unkompliziert, sie kommen mit jedem Boden zurecht.

Früher hat man Quitten gerne auf Weißdorn veredelt, heute veredelt man sie auf der Quittensorte 'von Angers' – und verwendet Quitten auch als Unterlage für Birnen. Besondere Schnittmaßnahmen sind nicht erforderlich. Ein einfacher Erziehungsschnitt im Jugendalter reicht aus, dann muss man nur noch ab und an auslichten und den Baum von Totholz befreien. Beliebt ist die Erziehung zu einem Buschbaum mit Rundkrone. Jungbäume benötigen unbedingt einen Stützpfosten. Mit einem ersten Ertrag ist vier bis acht Jahre nach dem Pflanzen zu rechnen.

Sorten

Hierzulande sind im Moment nur wenige Sorten im Handel, das war aber schon einmal anders! Man unterscheidet im Wesentlichen zwischen den Apfelquitten – die aromatischer, aber auch härter sind – und den milderen Birnenquitten.

- 'Konstantinopeler Apfelquitte' ist eine sehr robuste Sorte, die einen hohen Ertrag an recht großen Früchten bringt.
- 'Portugiesische Birnenquitte' ist ebenfalls eine bewährte und weit verbreitete Sorte, die reich tragend ist, aber einen etwas höheren Wärmebedarf hat.
- 'Riesenquitte von Leskovac' ist eine Apfelquitte, die etwas unempfindlicher gegen Frost ist und große aromatische Früchte hervorbringt. Anders als die beiden erstgenannten ist sie nicht selbstfruchtbar, sondern benötigt eine zweite Bestäubersorte.

Ernten und Lagern

Erst wenn die Quitten von Grün zu Gelb gereift sind und größtenteils den weißen Flaum verloren haben, der die Früchte im Frühherbst noch bedeckt, sind sie erntereif. Das ist je nach Sorte und Lage Ende Oktober oder auch erst im

Quittengelee

Das Problem bei der Herstellung von Quittengelee ist, den harten Früchten ihren Saft zu entlocken. Am besten geht das mit einem Heißentsafter: Die Quitten werden mit einem Tuch abgerieben, um möglicherweise noch anhaftenden Flaum zu entfernen. Die Kerngehäuse und die Blütenansätze werden entfernt und dann die Früchte in ungleichmäßige kleine Stücke geschnitten. Im Dampfentsafter werden sie mindestens über drei Stunden entsaftet, es kann auch länger dauern. Der gewonnene Saft wird mit Gelierzucker (Verhältnis 1:2) für drei Minuten sprudelnd aufgekocht und heiß in sterile Gläser gefüllt. Sehr lecker ist es, wenn man ein wenig Vanille oder etwas Zitronensaft an den Quittensaft gibt.

Wer keinen Heißentsafter hat, kann die Quitten stattdessen mit Wasser gerade eben bedeckt im Topf weich kochen und den Saft durch ein feines Sieb abtropfen lassen. Allerdings wird das Gelee bei dieser Zubereitungsvariante nicht ganz so aromatisch wie mit dem Heißentsafter.

Oben: Ist die Schale der Quitten leuchtend gelb geworden, ist der optimale Erntezeitpunkt erreicht.

November der Fall. Leichte Nachtfröste sind kein Grund für eine vorzeitige Ernte – das können Quitten am Baum vertragen. Die Früchte sollten mit Stiel gepflückt werden. Haben sie keine Verletzungen oder Faulstellen, kann man sie in einem frostfreien Raum noch einige Wochen lagern. Bisweilen leiden Quitten auch an Fleischbräune, welche unter anderem durch zu starke Stickstoffdüngung hervorgerufen wird. Das Fruchtfleisch wird dabei – wie der Name vermuten lässt – bräunlich, die Quitten können aber trotzdem weiter verarbeitet werden, sie sind jedoch nicht lange lagerfähig.

In der Küche

Voll reife Quitten erfüllen die Küche mit einem betörenden Geruch und haben auch am meisten Aroma. Die bekanntesten Zubereitungen sind Quittengelee und Quittenbrot. Unser Begriff »Marmelade« kommt aus dem Portugiesischen und meint ursprünglich Quittenmus. Dieses ist allerdings nicht jedermanns Geschmack, manche Menschen stören sich an den kleinen Steinzellen im Fruchtfleisch. Wem dies nichts ausmacht, dem schmeckt sicher auch ein kleiner Quittenanteil im Apfelmus oder eine aus dem Fruchtmus gekochte Konfitüre. Geschälte und vom Kerngehäuse befreite Quitten können auch als Kompott eingeweckt werden und schmecken sehr gut als Beilage zu dunklem Fleisch, Wild und Käse.

Quittenbrot

1 kg Quitten ¦ 500 g Zucker ¦ 1 TL Salz ¦ 1 Bio-Zitrone

Die Quitten schälen und vom Kerngehäuse befreien. In Scheiben schneiden und mit Zucker und Salz durchmischen. Etwa 1 Stunde stehen lassen, bis die Früchte Wasser gezogen haben.

Die Früchte in einem Topf mit Deckel bei kleiner Hitze weichkochen, das dauert etwa 30 Minuten. Mit dem Stabmixer pürieren und mit offenem Deckel weiter köcheln, damit das Mus noch etwas eindickt.

Die Zitronenschale abreiben und den Saft auspressen, beides ins Quittenmus einrühren. Die Quittenmasse auf ein mit Backpapier ausgelegtes Backblech streichen. Bei 50 °C (Umluft) im Ofen bei leicht geöffneter Tür (Topfhandschuh einklemmen) etwa 3 Stunden trocknen lassen.

Das ausgestrichene Quittenbrot in mundgerechte Stücke schneiden, in Zucker wälzen und auf einem frischen Stück Backpapier weitere 2 Stunden im leicht geöffneten Ofen bei 50 °C (Umluft) trocknen lassen.

Herbsttraum-Konfitüre

400 g Quitten ¦ 400 g Kürbis ¦ 200 ml Apfelsaft ¦ Saft und etwas geriebene Schale von 1 Bio-Zitrone ¦ 1 Packung Gelierzucker (2:1)

Die Quitten schälen und entkernen. Die Schale (außer bei Hokkaido) und die Kerne des Kürbisses entfernen. Den Kürbis und die Quitten grob raspeln.

Rechts: Selbst gemachte Konfitüre aus eigener Ernte ist immer ein nettes Mitbringsel.

Den Apfelsaft in einem Topf erhitzen und das geraspelte Fruchtfleisch darin 20 Minuten dünsten. Den Zitronensaft und den Abrieb der Schale dazugeben, den Gelierzucker unterrühren und die Mischung noch 3 Minuten sprudelnd kochen lassen.

Die Konfitüre heiß in die Gläser einfüllen und für ein paar Minuten auf den Kopf stellen.

Reportage

Äpfel saften im Obstgarten von Bettina Schaefer

»Eigentlich wollte ich mal eine Nussbaumplantage anlegen«, beginnt Bettina Schaefers Erklärung, wie sie zu einer Ausbildung zur Obst- und Gartenfachwartin gekommen ist. Verwirklichen konnte sie ihren Traum bislang nicht – noch fehlen das passende Grundstück und vor allem die nötige Zeit. Ihrer großen Leidenschaft für Früchte, die an Bäumen wachsen, tut das jedoch keinen Abbruch.

Immerhin: Ein kleiner Walnussbaum steht bereits im Garten der selbstständigen Unternehmerin, die ein regionales Familienmagazin herausgibt. Bis er in den Ertrag geht, wird es noch einige Jahre dauern. Aber im großen Garten hinter dem behutsam renovierten Backsteinhaus gedeihen noch etliche andere Obstgehölze. Einige von ihnen waren schon da, als Bettina Schaefer und ihr Mann Carsten vor zehn Jahren dort eingezogen sind. »Jedes Jahr haben wir einen weiteren Baum gesetzt«, erzählt Bettina Schaefer. Mittlerweile sichern zwei Kirsch-, drei Apfel-, zwei Birnbäume sowie ein Zwetschenbaum und Beerensträucher die Selbstversorgung mit Obst fast über das ganze Jahr. »Ich mag nichts verkommen lassen«, betont die Gärtnerin, und deshalb gehört das Kochen von Marmelade und Apfelmus für sie genauso zum Alltag wie die Herstellung von Saft.

Besuch ist im Garten willkommen

Und weil so etwas zusammen mit anderen mehr Spaß macht als alleine, hat Bettina Schaefer Familien mit Kindern zum Entsaften der ersten Sommeräpfel eingeladen. Wer hat, bringt selbst noch ein paar Äpfel mit. Noch vor allen anderen kommen Gereon und Jacob. Die Brüder haben sich bereit erklärt, für das leibliche Wohl der Gäste zu sorgen und haben ihr Waffeleisen und Teig mit dabei. Bevor die anderen eintreffen, helfen sie noch, leere Flaschen in den Garten zu bringen, die Bettina Schaefer vorher in der Küche heiß ausgespült hat.

Erste Sommeräpfel werden gepflückt

Allmählich trudeln auch die übrigen Gäste ein: Drei Mütter und sieben Kinder. Einige waren schon öfter zu Besuch und fühlen sich gleich heimisch, die kleine Liv hingegen klammert sich an der Mutter fest – die Augen sind noch schwer vom Mittagsschlaf, das Mädchen nicht ganz wach und der Trubel verstörend. Doch es dauert nicht lange und alle beginnen, mit großem Eifer die Äpfel vom Baum zu pflücken. Für die Kleinsten – Jasper ist erst 22 Monate, sein Bruder Thorge drei Jahre alt – haben die Schaefers Früchte ganz tief am Baum hängen gelassen. Die Großen versuchen sich auch daran, mit dem langstieligen Pflücker die schönsten und rotbackigsten Äpfel der Sorte 'Jakob Fischer' von ganz oben zu

erreichen. Die Kinder johlen und lachen, wenn dabei reife Früchte unerwartet auf sie herabprasseln.

Waschen und zerkleinern

Mindestens so viel Spaß wie das Pflücken bringt es, die Äpfel in zwei großen wassergefüllten Maurerbütten zu waschen. Eine Abkühlung ist an dem warmen Tag willkommen, und viele kleine Hände walken und wühlen zwischen den Früchten im kühlen Nass. Und gleich geht es weiter: Die Äpfel müssen zerkleinert werden. Und weil eine Obstmühle aus Edelstahl sehr teuer gekommen wäre, verrichtet stattdessen eine alte Rübenschnitzelmaschine mit ordentlich viel Lärm diese Arbeit. Die großen Kinder reißen sich darum, wer den Auffangeimer halten darf, die Kleineren haben mehr Freude daran, ihre Äpfel einzeln in den großen grünen Schlund der Maschine zu werfen.

Unten: Die Äpfel werden in großen Eimern sauber gewaschen, schlechte Exemplare aussortiert.

Pressen und filtern

Als Nächstes wird der Inhalt des Eimers in die knallrote Spindelpresse gefüllt, die knapp 20 Liter aufnehmen kann. Ein halbes Dutzend Kinderhände greifen nach den Schwungarmen und beginnen damit, die Druckplatte nach unten zu treiben. Am Anfang geht das noch leicht, aber dann wird der Widerstand immer größer und unten beginnt der Saft aus dem Ablauf in eine Schüssel zu rinnen. Jerik legt sich flach auf den Bauch, um den Vorgang ganz genau beobachten zu können.

»Diese Faszination der Kinder, das macht mir Spaß«, freut sich Bettina Schaefer, »Wenn man ihnen etwas zutraut, können Kinder sehr viel.« Nun muss der Saft durch ein Mulltuch gegossen werden, um allzu große Schwebstoffe herauszufiltern. Naturtrüb aber soll er bleiben – erstens macht das

Unten: Gemeinsam das Spindelrad zu drehen ist fast wie Karussell fahren auf dem Jahrmarkt.

weniger Arbeit und zweitens bleiben wertvolle Inhaltsstoffe wie die als Antioxidantien wirkenden Polyphenole erhalten, die im klaren Saft nicht mehr vorhanden sind. Das gilt übrigens auch für Supermarktware: Wer trüben Saft kauft, tut seiner Gesundheit etwas Gutes!

Pasteurisieren und abfüllen

Bevor der letzte Arbeitsschritt getan wird, stärken sich die Gäste an den betörend duftenden Waffeln, die die Brüder Gereon und Jacob mittlerweile gebacken haben. Lecker! Währenddessen hat Bettina Schaefer den Rohsaft in einen großen Einkochautomaten gefüllt, und nun warten alle darauf, dass eine Temperatur von 80 °C erreicht wird. Diese muss kurz gehalten werden, dann kann der Saft in 5-Liter-Kunststoffbeutel abgefüllt werden. »Eigentlich ist mir Glas sympathischer, aber diese Beutel sind enorm praktisch«, berichtet die Obstfachwartin von ihren Erfahrungen. Die Beutel werden nach dem Befüllen in einen speziellen, wiederverwertbaren Pappkarton gesteckt. Bag-in-Box heißt die Technik. Daraus kann über einen Zeitraum von mehreren Wochen gezapft werden, ohne dass der noch verbleibende Saft verderben würde. Und man spart sich das mühsame Sterilisieren der gebrauchten Glasflaschen. Ein paar davon werden aber doch noch befüllt, denn das sieht einfach schöner aus.

Stolz zurück nach Hause

Die Schatten der Bäume werden länger, Wind frischt auf und die Gäste verabschieden sich. Stolz tragen die Kinder pro Familie einen Karton mit Saft zum Fahrrad oder Auto. Bettina Schaefer ist ein wenig erschöpft, aber zufrieden. »Das war ein toller Nachmittag und ich bin mir sicher, das vergessen die Kinder nicht so schnell. Denn das Selbermachen ist eine Erfahrung, die bleibt.«

Unten: Mit dem Mulltuch haben die Kinder einen Trichter ausgelegt – das funktioniert wie ein Kaffeefilter in groß.

Unten: Heiß in Flaschen oder Boxen abgefüllt hält sich der selbst gemachte Apfelsaft mindestens ein Jahr.

Obst

Steinobst

Kirsche – *Prunus avium* und *P. cerasus*

Sowohl die Süß- als auch die Sauerkirsche gehören zur Gattung *Prunus* aus der Familie der Rosengewächse und sind mit der Pflaume verwandt. Kirschen sind das erste reife Baumobst in mitteleuropäischen Gärten. Die Wildform unserer heutigen Süßkirsche ist die Vogelkirsche, die in Europa und in Mittelasien verbreitet ist und natürlicherweise gerne am Waldrand wächst. Schon von jeher diente sie der menschlichen Nahrung. Erste Veredelungen lassen sich bereits für die Antike nachweisen. Die Herkunft der Sauerkirsche ist hingegen nicht eindeutig belegt, möglicherweise ist sie ein Bastard der Vogelkirsche und der Zwerg- oder Steppenkirsche.

Während sich die Süßkirsche zunehmender Beliebtheit erfreut, geht der Anbau der aromatischeren Sauerkirsche sowohl bei Erwerbsbetrieben wie in Hausgärten immer mehr zurück. Doch auch das Süßkirschenangebot hat sich sehr verändert: War auf den Märkten früher eine Vielzahl von regionalen Sorten im Angebot, setzen sich immer mehr die sogenannten Knorpelkirschen durch, die zwar groß, knackig und gut transportfähigen sind, aber nicht so eine Geschmacksvielfalt bieten wie die eher weichen Herzkirschensorten.

Das Holz der Kirsche gilt als besonders wertvoll und wird gerne als edles Furnier verwendet. Gesäuberte und getrocknete Kirschkerne kann man in Säckchen füllen und im Backofen oder in der Mikrowelle erhitzt anstelle der klassischen Wärmflasche verwenden – früher wurden die Kissen im Zimmerofen gewärmt und waren so ohne weiteren Aufwand verfügbar.

Im Garten

Süßkirschen werden in der Regel auf die Vogelkirsche veredelt und sind sehr wüchsig, sie können bis zu 15 Meter hoch werden. Der Abstand zum nächsten Baum sollte mindestens zehn Meter betragen. Mittlerweile sind auch Unterlagen im Handel, auf denen die Bäume kleiner bleiben sollen – es ist daher empfehlenswert, sich in einer Baumschule beraten zu lassen. Sauerkirschen sind von Natur aus weniger wachstumsstark und brauchen weniger Platz, sechs Meter Pflanzabstand reichen aus. Beide Kirscharten kommen mit jedem Gartenboden zurecht, solange er nicht staunass ist.

Junge Bäume benötigen einen Erziehungsschnitt, bei älteren Bäumen muss man nur noch regelmäßig auslichten und Totholz entfernen. Wer vermeiden möchte, dass seine Süßkirsche allzu groß wird, kann alle paar Jahre den Wipfel kappen und auf einen weiter unten stehenden Ast ableiten.

Sorten

Fast alle Süßkirschensorten sind selbstunfruchtbar, bei Sauerkirschen ist dies zum Teil der Fall. Wenn Sie nur einen Baum in Ihren Garten pflanzen möchten und auch keine Kirsche in Nachbars Garten wächst, müssen sie eine selbstfruchtbare Sorte wählen. Manche Baumschulen bieten auch Jungbäume an, auf die mehrere Sorten veredelt sind: So ist das Problem der Befruchtung gelöst und auch der Erntezeitraum lässt sich ausdehnen – denn wer möchte schon 40 Kilo Kirschen binnen zwei Wochen essen müssen?

Wichtig ist bei der Sortenwahl natürlich der Reifezeitpunkt, der je nach regionalem Klima variiert. Jede Kirschsorte wird ihrer sogenannten »Kirschwoche« zugeordnet – die offizielle Gliederung der Erntezeit in 15-tägige Perioden von Anfang Mai bis Ende Oktober. Bei frühen Sorten tritt seltener ein Befall mit der Kirschfliege auf, sodass man nicht mit Maden in den Früchten rechnen muss. Allerdings sind Frühkirschen eher spätfrostgefährdet. Bei der Sortenwahl sollte man auch beachten, ob man in einem Gebiet mit heftigen Sommerregen wohnt: Während die Süßkirschen – besonders die knackigen Knorpelkirschen – bei kräftigem Regen schnell zu platzen drohen, ist dies bei den Sauerkirschen nicht zu befürchten.

SÜSSKIRSCHEN

- 'Burlat' ist eine Halbknorpelkirsche und mit Reife in der 2. Kirschwoche eine der frühesten Sorten. Sie hat rote bis rotbraune Früchte, die recht fest, süß und aromatisch sind. Sie ist nicht platzfest.
- 'Celeste' ist eine der wenigen selbstfruchtbaren Süßkirschensorten. Sie reift in der 3. Kirschwoche und trägt dunkelrote aromatische Früchte von ansehnlicher Größe. Sie ist allerdings recht platzempfindlich.
- 'Große Prinzessinnenkirsche' ist eine alte deutsche Knorpelkirsche mit großen hellroten Früchten und gelbem süßaromatischen Fruchtfleisch. Sie reift ab der 4. Kirschwoche und ist empfindlich gegen Regen.
- 'Große Schwarze Knorpelkirsche' ist eine der ältesten heute noch bekannten Sorten mit sehr dunkler Haut und rotbraunem Fruchtfleisch. Sie ist aromatisch, aber nicht platzfest und reift ab der 5. Kirschwoche.
- 'Dönissens Gelbe Knorpelkirsche' ist eine spätblühende Sorte mit gelben Früchten, die deshalb kaum von Vögeln gefressen werden. Sie hat geringe Bodenansprüche und

ihre Früchte sind süß und saftig mit eher flachem Aroma. Sie reifen in der 5. bis 6. Kirschwoche und halten recht lange am Baum.

- 'Schneiders späte Knorpelkirsche' ist großfruchtig und reift eher spät (ab der 6. Kirschwoche). Sie hat mittlere Standortansprüche und trägt festfleischige saftige Früchte mit gutem Aroma.

SAUERKIRSCHEN

- 'Ludwigs Frühe' – eine robuste Sorte für den Hausgarten mit früher Reife in der 2. oder 3. Kirschwoche. Hellrote Früchte mit saftigem Fruchtfleisch und ausgewogener Säure.
- 'Schattenmorelle' – eine seit mehr als 200 Jahren bewährte Sauerkirsche mit hohem Ertrag und sehr sauren aromatischen Früchten, die in der 6. Kirschwoche reif werden.

- 'Ungarische Traubige' – eine nicht ganz so saure Sorte, die sich auch gut für den Rohverzehr eignet. Sie trägt hellrote Früchte und bevorzugt trockene und geschützte Standorte. Reife nach der 6. Kirschwoche.

Ernten und Lagern

Bei der Kirschenernte ist manch ein Gärtner schon vom Baum gefallen, denn das Holz ist sehr viel brüchiger als das von Äpfeln oder Birnen. Eine stabile Leiter leistet gute Dienste. Viele Kirschbaumbesitzer überlassen die Früchte im oberen Teil des Baumes ohnehin den Vögeln, weil sie ohne Lebensgefahr nicht zu erreichen wären. Gepflückt wird in einen flachen Korb, da die Früchte druckempfindlich sind. Den Stiel immer mit pflücken, damit die Kirschen nicht an der Ansatzstelle ausbluten. Verletzte oder madige Früchte sollten bei der Ernte entfernt und dann entsorgt werden, damit sich Krankheiten und Schädlinge nicht weiter ausbreiten.

Frisch geerntete Kirschen lassen sich je nach Sorte nur wenige Tage lagern. Am besten geeignet ist dafür ein kühler Platz – werden sie im Kühlschrank aufbewahrt, verlieren sie allerdings ein wenig an Aroma. Kirschen können auch problemlos eingefroren werden, je nach geplanter weiterer Verwendung werden sie davor entsteint.

In der Küche

Süßkirschen schmecken frisch am besten. Sie enthalten wenig Säure und sind für die Herstellung von Konfitüren nicht gut geeignet, da diese eher fade schmecken würden – es sei denn, man mischt mit anderen Obstsorten. Für ein mildes Kompott hingegen können sie gut verwendet werden. Dabei ist es besser, die Früchte mit Stein einzukochen, denn diese geben ein angenehmes leichtes Bittermandelaroma ab.

Links: Das Alte Land – eines der größten Obstbaugebiete in Deutschland – ist zur Blütezeit einen Besuch wert.

Sauerkirschen hingegen gewinnen durch die Verarbeitung in der Küche. Sehr wohlschmeckend ist der aus den ganzen Früchten gewonnene Saft – dazu werden sie mitsamt Stein im Dampfentsafter entsaftet oder in wenig Wasser aufgekocht und durch ein Sieb geseiht. Streut man ein wenig Zucker über die Früchte, löst sich der Saft leichter aus den Zellen, und zugleich hebt der Zucker auch das Aroma.

Ein leidiges Thema bei der Verarbeitung von Kirschen ist das Entsteinen. Die Industrie hat schon unzählige Geräte dafür ersonnen, aber bei allen ist die Arbeit mehr oder weniger mühsam, der Saft spritzt in der Küche herum und die Reinigung aller Gerätschaften ist aufwendig. Gestandene Hausfrauen schwören auf das Entsteinen mit einer einfachen Haarnadel, mit der der Kern aus der Frucht gezogen wird. Wer nicht tagelang blaue Finger haben möchte, trägt dabei Einmalhandschuhe.

Sauerkirschen – vor allem die sauren Schattenmorellen – ergeben eine wunderbar aromatische Konfitüre. Sie sind auch als Zutat in der vor allem in Norddeutschland beliebten »Roten Grütze« sowie für den Rumtopf zu empfehlen. Ein Klassiker sind Sauerkirschen in der bekannten »Schwarzwälder Kirschtorte«.

Kirschsuppe mit Grießnockerln

500 g Sauerkirschen ¦ 500 ml Wasser ¦ ½ Biozitrone ¦ 4 EL Zucker ¦ 2 EL Speisestärke ¦ 250 ml Vollmilch ¦ 50 g Grieß ¦ 1 Eigelb

Die Kirschen waschen, entsteinen und mit 400 ml Wasser auf den Herd aufsetzen. Die Schale von ½ Biozitrone abreiben und zusammen mit 2 EL Zucker zu den Kirschen geben, 5 Minuten lang kochen. Währenddessen die Stärke mit dem restlichen Wasser verrühren und die Kirschsuppe damit anbinden. Den Topf vom Herd nehmen und kalt werden lassen, zwischendurch umrühren, damit sich keine Haut bildet.

Die Milch aufkochen, den Grieß und die restlichen 2 EL Zucker einrühren und ein paar Minuten kochen lassen, bis der Grieß gut aufgequollen ist. Den Topf vom Herd nehmen und noch das Eigelb unterziehen.

In einem Topf etwa 2 l Wasser zum Kochen bringen, dann die Hitzezufuhr abstellen. Mit den angefeuchteten Händen oder mit dem Löffel etwa walnussgroße Klößchen formen und in dem heißen Wasser 3 Minuten ziehen lassen. Die Grießnockerln herausnehmen, abtropfen lassen und in die abgekühlte Suppe geben.

Rechts: Frisch vom Baum gepflückt schmecken Kirschen einfach am besten.

Kirschclafoutis

Zutaten **500 g Sauerkirschen ¦ 125 g Mehl ¦ 1 Prise Salz ¦ 3 Eier ¦ 50 g Zucker ¦ 200 ml Milch ¦ 100 g Crème fraîche ¦ 1 Stich Butter oder Margarine ¦ etwas Puderzucker**

1 Die Kirschen waschen und trocknen. Sie können mit oder ohne Kerne für das Clafoutis verwendet werden – ohne ist es etwas leichter zu essen, mit wird das Aroma intensiver.

2 Die übrigen Zutaten mit einem Quirl verrühren, bis ein glatter flüssiger Teig entstanden ist.

3 Eine flache Backform (etwa 28 cm) mit der Butter gründlich einfetten. Die Hälfte des Teiges einfüllen und die Kirschen darauf verteilen, den restlichen Teig darüber gießen.

4 Das Clafoutis im vorgeheizten Backofen bei 180 °C (Umluft) etwa 50 Minuten backen, während der ersten Hälfte der Backzeit oben mit Alufolie oder Backpapier abdecken.

5 Mit etwas Puderzucker bestreuen und warm servieren.

Tipp

Ein Clafoutis kann auch mit anderen säuerlichen oder herben Obstarten wie Schwarzen Johannisbeeren oder Stachelbeeren gebacken werden. Süßkirschen oder anderes süßes Obst sind nicht geeignet, dann bleibt der Geschmack zu flach.

Pflaume – *Prunus domestica*

Es gibt eine riesige Vielfalt an primitiven und kultivierten Pflaumenarten, die von verschiedenen Wildformen abstammen. Das macht die botanische Zuordnung nicht ganz einfach, und so ist sich die Fachwelt nicht immer über die richtige taxonomische Einteilung einig. Pflaumen gehören zu den robustesten Obstbäumen und gedeihen in ganz Mitteleuropa.

Bereits für die Jungsteinzeit ist das Vorkommen von Primitivpflaumen im Süden Deutschlands nachgewiesen. Im Verlaufe der Zeit sind ausgehend von den antiken Gärten Griechenlands und Italiens etliche regionale Sorten entstanden. Seit dem Hochmittelalter wurde die Pflaume in ganz Deutschland kultiviert, zugleich haben sich verwilderte Formen ausgebreitet und vermehrt. Während man früher eine Sorte durch das Abstechen von Wurzelausläufern erhielt, wird die Edelpflaume heute in der Regel auf einer Unterlage veredelt.

Im Garten

Baumschulen bieten Pflaumen auf unterschiedlich stark wachsenden Unterlagen an. Die Bäume werden zwischen vier und acht Meter hoch. Die meisten Sorten sind selbstfruchtbar und können deshalb alleine im Garten stehen – vorsichtshalber sollten Sie sich beim Kauf aber danach erkundigen, denn es gibt Ausnahmen. Mittlerweile haben einige Baumschulen auch Pflaumenbäume im Angebot, auf die mehrere Sorten veredelt worden sind. Damit erreicht man eine längere Erntezeit. Pflaumen schätzen einen feuchten, aber nicht staunassen Boden mit einem neutralen pH-Wert. Je nach Sorte kommen sie auch mit kühlem Klima zurecht. Gepflanzt wird am besten im Herbst, Containerware ist aber auch im Frühjahr pflanzbar.

Für Pflaumen kommt ein Schnitt hauptsächlich im Frühjahr kurz vor Beginn des Austriebes in Frage, nie aber im Winter! Die Pflege beschränkt sich nach einem ersten Erziehungsschnitt auf das Auslichten. Um das Höhenwachstum des Baumes zu begrenzen, kann der Leitast alle paar Jahre abgesetzt werden – das heißt er wird gekappt und durch einen jüngeren nach oben weisenden Ast ersetzt.

In Jahren, in denen sehr viele Früchte angesetzt haben, kann es sich lohnen auszudünnen, damit der Baum nicht in die Gewohnheit verfällt zu alternieren, d. h. alle zwei Jahre enorm viel zu tragen und sich im Zwischenjahr auszuruhen. Außerdem wird die Qualität der Früchte besser, wenn der Behang nicht allzu groß ist. Das Holz der Pflaume ist eher brüchig, von daher sollten sehr reich tragende Äste abgestützt werden.

Sorten

Pflaumen lassen sich in mehrere Unterarten einteilen, die wiederum verschiedene Sorten aufweisen. Es empfiehlt sich, eine Sorte zu wählen, die gegen das Scharkavirus tolerant ist. Denn diese besonders bei Pflaumen häufig vorkommende Pflanzenkrankheit beeinträchtigt den Ertrag und die Qualität der Früchte.

ECHTE PFLAUMEN

Sie haben relativ große Früchte mit weichem Fruchtfleisch und sind meist rund oder eiförmig. Häufig lässt sich der Stein nicht gut auslösen. Sie sind ideal für den Frischverzehr, denn sie sind süß und saftig. Einige Sorten werden durch Erhitzen saurer.

- 'Hanita' – eine scharkatolerante Sorte, bei der der Ertrag früh nach der Pflanzung einsetzt. Sie reift Anfang September. Die Früchte sind mittelgroß und eher fest. Der Stein lässt sich recht gut lösen, der Geschmack ist fein säuerlich.
- 'Jojo' gilt als vollkommen scharkaresistent. Sie trägt mittelgroße bis große Früchte, die erst bei Vollreife geerntet werden sollten. Dann sind sie süßsäuerlich und aromatisch und lassen sich gut vom Stein lösen.
- 'Königin Viktoria' ist eine bereits über 150 Jahre bewährte Sorte. Sie geht früh in den Ertrag und reift ab Ende August. Die ovalen, hellviolett-gelb durchzogenen Früchte werden sehr groß. In warmen Sommern schmecken sie süß und hocharomatisch, in schlechten Jahren bleiben sie wässrig.
- 'The Czar' ist eine seit Ende des 19. Jahrhunderts in Deutschland verbreitete Sorte, die sich insbesondere für den Hausgarten bewährt hat. Sie reift sehr früh, bereits Anfang August, die Früchte sind weich, saftig und süß-aromatisch.

ZWETSCHEN

Zwetschen gelten als besonders robust und werden auch in Norddeutschland erfolgreich angebaut, wo manch eine wärmeliebende Pflaumensorte nur in guten Sommern zufriedenstellt. Die Früchte sind länglicher und das Fruchtfleisch ist weniger saftig, weshalb sie besonders gut als Belag für einen Kuchen geeignet sind.

- 'Bühler Frühzwetsche' trägt viele süße Früchte, die bereits Mitte August reif werden. Sie ist robust und tolerant gegen die Scharkakrankheit, braucht aber Wärme, damit die Früchte ihr Aroma voll entfalten können.
- 'Hauszwetsche' heißen viele recht ähnliche Zwetschentypen, die alle eine recht späte Reife und eine enorme Robustheit gemein haben. Sie werden in Deutschland seit mehreren Hundert Jahren angebaut. Die Früchte werden mittelgroß, sie sind fest und bei Vollreife süß. Ihr herb-aromatischer Geschmack ist intensiver als bei den meisten Pflaumen. Sie sind besonders geeignet für Kuchen und Kompott. Allerdings sind sie sehr anfällig für Scharka und sollten in betroffenen Gebieten nicht kultiviert werden.
- 'Tipala' ist mit ihren gelben Früchten eine Seltenheit unter den Zwetschen. Sie trägt längliche Früchte, die bereits Ende Juli reifen und sehr süß schmecken. Sie zeigt eine hohe Toleranz gegen die Scharkakrankheit.

MIRABELLEN

Mirabellen sind wärmeliebend. Die Früchte sind süß und saftig und am besten für den Direktverzehr geeignet. Sie lassen sich aber auch gut zu Kompott verarbeiten.

- 'Bellamira' ist eine bewährte Sorte mit großen goldgelben Früchten, die auf der Sonnenseite rötliche Punkte aufweisen. Sie sind saftig, sehr aromatisch und auch zum Backen geeignet. Erntezeit ist Mitte August bis Mitte September.
- 'Von Nancy' ist eine alte französische Sorte, die sich bis heute wegen ihres hervorragenden Geschmacks großer Beliebtheit erfreut. Der Ertrag ist hoch und setzt Mitte bis Ende August ein. Die Früchte neigen dazu, bei stärkerem Regen zu platzen.

RENEKLODEN

Renekloden bilden große, runde grüngelbe Früchte mit viel Süße und vollem Aroma. Sie schmecken frisch vom Baum am besten. Als Kuchenbelag sind sie nicht geeignet, da sie beim Backen zu viel Saft lassen.

- 'Große grüne Reneklode' – diese Sorte wird bereits seit mehr als 500 Jahren in Westeuropa angebaut. Sie besticht durch ihr würzig-süßes Fruchtfleisch und reift Anfang September. Die großen reifen Früchte sind sehr weich und nicht gut zu transportieren, weshalb man sie kaum im Handel bekommt.

- 'Oullins Reneklode' reift bereits ab Mitte August und bringt große saftige Früchte mit mildem Aroma hervor. Die Sorte ist robust und ertragreich.

Ernten und Lagern

Der richtige Erntezeitpunkt variiert je nach Sorte, Klima und Wetterverlauf im Erntejahr. Für den Frischverzehr sind vollreif geerntete Früchte am besten geeignet – probieren Sie einfach, wann es Ihnen schmeckt. In der Regel kann ein Pflaumenbaum binnen drei Wochen mehrfach abgeerntet werden, da nicht alle Früchte gleichzeitig reif werden. Für die Weiterverarbeitung sollten die Früchte kurz vor der Vollreife geerntet werden. Pflücken Sie bei der Gelegenheit auch kranke oder verwurmte Früchte mit ab und vernichten sie, um die Infektionskette zu durchbrechen. Lassen Sie bei der Ernte möglichst den Stiel an der Frucht.

An einem kühlen Ort halten frisch geerntete Pflaumen einige Tage, sie müssen aber regelmäßig durchgesehen werden, da sich Schimmel rasend schnell verbreiten kann. Die Früchte werden erst direkt vor dem Verzehr gewaschen.

In der Küche

Pflaumen lassen sich auf vielfache Weise konservieren. Einfrieren ist eine gute Methode, dazu sollten die Früchte vorher entsteint werden. Wenn Sie die einzelnen Hälften zunächst lose auf einem Blech gefrieren lassen und erst danach zusammen in einen Beutel geben, können sie später jede gewünschte Menge nach Bedarf entnehmen.

Zwetschen und Mirabellen eignen sich auch sehr gut dazu, als Kompott eingekocht zu werden. Wenn man den Stein

dabei in der Frucht belässt, gibt dieser noch ein apartes Bittermandelaroma ab. Sehr süße Pflaumen eignen sich zur Herstellung eines zuckerfreien Frischmuses, das man zu Joghurt oder Grießklößchen genießen kann. Dazu werden die Pflaumen entsteint. Bedecken Sie einen Topfboden dünn mit Wasser und dünsten Sie die Pflaumen darin 20 Minuten weich. Nun werden sie püriert, nach Belieben gezuckert, und heiß in ein steriles Schraubglas abgefüllt, das für einige Minuten auf den Kopf gestellt werden sollte. Aus Pflaumen lassen sich außerdem leckere Chutneys bereiten, sie harmonieren gut mit Chili.

Auch getrocknet schmecken Pflaumen sehr gut – allerdings dauert es ziemlich lange, bis sie soweit durchgetrocknet sind, dass keine Schimmelbildung mehr zu befürchten ist. Von daher ist das Trocknen sehr energieaufwendig und nur dort zu empfehlen, wo ohnehin Wärme vorhanden ist, zum Beispiel auf einem Zimmerofen. Getrocknete Pflaumen haben ebenso wie die frischen Früchte eine anregende Wirkung auf den Verdauungsapparat.

Pflaumenmus vom Blech

3 kg Pflaumen ¦ 500 g Zucker ¦ ½ TL Zimt ¦ 1 Prise zerstoßene Nelken

Normalerweise muss ein Pflaumenmus mehrere Stunden auf dem Herd vor sich hin kochen, damit sich der Wassergehalt reduziert. Zwischendurch muss regelmäßig umgerührt werden, damit nichts anbrennt. Einfacher ist die Zubereitung auf dem Backblech!

Die Pflaumen sorgfältig abwaschen, auf schlechte Stellen hin durchsehen und entsteinen. Zusammen mit den anderen Zutaten in einen großen Topf füllen und eine halbe Stunde durchziehen lassen, damit sich etwas Flüssigkeit am Boden bildet. Dann alles kurz aufkochen und auf ein tiefes Backblech schütten.

Das Blech in den auf 180 °C vorgeheizten Backofen schieben und etwa 2 Stunden backen lassen. Dabei die Backofentür einen Spalt offen halten (beispielweise mithilfe eines Topfhandschuhs), sodass die Feuchtigkeit entweichen kann. Ab und zu umrühren. Nach Ende der Backzeit wir das heiße Mus in sterilisierte Schraubgläser gefüllt, die Gläser verschlossen und für ein paar Minuten auf den Kopf gestellt. Angebrochene Gläser mit Pflaumenmus sollten im Kühlschrank aufbewahrt werden, damit es nicht so schnell verdirbt.

Links: Zwetschen haben eine dunkelviolette Schale und gelbes, eher festes Fruchtfleisch. **Rechts:** Pflaumenkonfitüre ist schneller und einfacher zubereitet als echtes Pflaumenmus und schmeckt köstlich.

Pflaumenkonfitüre mit Zimt

1 kg Pflaumen, entsteint gewogen ¦ 500 g Gelierzucker (2:1) ¦ Zimt

Die Pflaumen in sehr wenig Wasser weich dünsten. Den Gelierzucker und eine Messerspitze Zimt einrühren und alles 3 Minuten sprudelnd kochen lassen. Die Konfitüre noch heiß in sterilisierte Schraubgläser füllen und verschließen, für ein paar Minuten auf den Kopf stellen.

Hefeblechkuchen mit Zwetschen

Zutaten 1200 g Zwetschen ¦ 400 g Mehl ¦ 1 Päckchen Trockenhefe ¦ 50 g Zucker ¦ 200 ml zimmerwarme Milch ¦ 1 Ei ¦ 50 g weiche Butter ¦ 1 Prise Salz ¦ Margarine zum Fetten des Blechs ¦ ½ TL Zimt und 50 g Zucker zum Bestreuen

1 Das Mehl mit der Trockenhefe und dem Zucker vermengen, dann die übrigen Zutaten einarbeiten und alles zu einem glatten Teig verkneten. Den Teig an einem vor Zugluft geschützten Ort 1 Stunde gehen lassen, noch einmal durchkneten und für eine weitere halbe Stunde gehen lassen.

2 In der Zwischenzeit die Zwetschen waschen und so in der Mitte aufschneiden, dass die beiden Hälften noch zusammenhängen, dabei die Steine entfernen.

3 Den Teig auf ein gefettetes Blech ausrollen und die Zwetschen darauf gleichmäßig mit den Schnittflächen nach oben auslegen. Den restlichen Zucker mit dem Zimt vermengen und auf die Früchte streuen.

4 Den Kuchen bei 180 °C (Umluft) 25 Minuten auf der mittleren Schiene im Ofen backen. Wer möchte, kann in den letzten Minuten noch Mandelblättchen darüber streuen. Der Kuchen schmeckt noch warm und mit viel Schlagsahne serviert am besten.

Wildes Steinobst – schmackhaft und schön

Neben den üblicherweise in unseren Hausgärten angebauten *Prunus*-Gewächsen gibt es noch eine ganze Reihe, die weniger bekannt sind oder deren Kultur in Mitteleuropa nicht verbreitet ist – weil ihr Ertrag nicht sehr groß und die Ernte schwierig ist, weil ihre Früchte für den Erwerbsanbau nicht brauchbar sind und noch aus einigen Gründen mehr. Doch wenn man über einen großen Garten verfügt, sind einige von ihnen ideal für die Anlage einer Obst- bzw. Wildobsthecke, teilweise können sie dafür auch aus Wildbeständen gesammelt werden. Oft haben sie eine sehr hübsche Blüte und zum Naschen und Probieren reicht der Ertrag allemal, einige der Früchte sind auch geeignet für die Zubereitung von besonderen Konfitüren, Gelees oder für den Spirituosenbrand. Vor allem aber freuen sich heimische Kleintiere und Vögel im Herbst über das reiche Nahrungsangebot.

Schlehdorn *(Prunus spinosa)*

Der Schlehdorn ist in Mitteleuropa heimisch. Er bildet einen zwei, drei Meter hohen sehr dornigen Strauch, der zur Bildung von Wurzelausläufern neigt. Er blüht bereits vor dem Laubaustrieb im April sehr reich und dekorativ. Wegen der Dornen ist er ein sehr gutes Vogelschutzgehölz. Im Spätsommer reifen die etwa eineinhalb Zentimeter großen schwarzblauen Früchte. Sie sind aufgrund ihres hohen Tanningehalts zunächst extrem herb und adstringierend, was sich durch Frosteinwirkung jedoch verändert. Danach sind sie ausgesprochen aromatisch, aber nicht unbedingt süß genug für den Rohverzehr. Sie eignen sich jedoch hervorragend für die Herstellung von Schlehenlikör (Aufgesetzten), als Mischfrucht für Gelees und Konfitüren sowie für die Herstellung eines herb-aromatischen Sirups.

Kirschpflaume *(Prunus cerasifera)*

Vermutlich ist unsere Kulturpflaume ein Hybrid aus dem Schlehdorn und der Kirschpflaume, von der es unglaublich viele Varianten gibt. Ursprünglich stammt sie vom Balkan bzw. aus Mittelasien. Als kleiner Baum erreicht sie Wuchshöhen von fünf bis zehn Metern. Sie blüht sehr früh und ist deshalb spätfrostgefährdet. Zugleich dient sie als eine der ersten Nahrungsquellen für Bienen und andere Insekten im Jahr. Im Hochsommer reifen die meist zwei bis drei Zentimeter großen Steinfrüchte heran, die gelb, rot, orange oder farblich gemischt sein können. Die Kirschpflaume wurde gerne als Unterlage für Veredelungen verwendet und schlägt manchmal durch, wenn die aufgepfropfte Pflanze schon nicht mehr am Leben ist. Bei einem Spaziergang durch alte Kulturlandschaften findet man häufig die eine oder andere Sorte – manchmal schmecken sie überraschend gut, bisweilen aber auch fade.

Primitivpflaume *(Prunus domestica)*

Die Abgrenzung von Edel- und Primitivpflaumen ist nicht ganz einfach, denn es gibt sehr viele Erscheinungsformen. Üblicherweise werden unter Primitivpflaumen regional in großer Vielfalt vorhandene robuste Sorten verstanden, die eher kleine Früchte hervorbringen, welche meist jedoch sehr aromatisch sind. In Norddeutschland unterscheidet man zum Beispiel die im Lauenburgischen und Westmecklenburg vorkommenden Kreeten, die sehr süße gelb-rot-marmorierte Früchte tragen, welche beim Erhitzen sauer werden. Daneben kennt man in Ostholstein und an der Westküste die etwas größer werdenden Kreeken. In Dithmarschen und Nordfriedland wachsen in Knicks und Hecken die Wiecheln mit ihren kleinen schwarzen Früchten, die sehr süß werden können. In Süddeutschland weiß man die bereits seit Jahrhunderten kultivierte Ziparte mit kleinen grünen Früchten zu schätzen, welche herb-aromatisch schmecken, sowie den Spilling mit etwas größeren gelb-orangen Früchten. Gerade Letztere sind wegen ihres besonderen Aromas für das Brennen von Obstgeist sehr gesucht. Auch Kriecherl, eine Sammelbezeichnung für stark Ausläufer bildende Primitivpflaumen, sind beliebt für einen aromatischen Obstbrand.

Pfirsich und Nektarine – *Prunus Persica*

Der Pfirsich ist ein Steinobst der Gattung *Prunus* und gehört damit zur Familie der Rosengewächse. Er stammt aus dem Gebiet des mittleren und nördlichen China. Dort wird er schon seit mehreren Tausend Jahren kultiviert. Der Anbau hat sich über Persien in die Mittelmeerländer ausgebreitet, und die Römer haben den wärmeliebenden Pfirsich schließlich auch nach Mitteleuropa mitgebracht, wo er insbesondere in Weinbaugebieten gut gedeiht. Verzehrt werden vor allem die frischen Früchte. Aus den Kernen des Pfirsichs wird übrigens auch der Marzipanersatz »Persipan« gewonnen.

Im Garten

Pfirsiche sind wärmebedürftig – daher ist hierzulande der Anbau in Weinbauregionen ideal. Ist das Klima kühler, so sollte ein sehr geschützter Standort gewählt werden, zum Beispiel ein Spalier an einer Hauswand. Es ist aber auch in Norddeutschland möglich, einen frei stehenden Pfirsichbaum zu kultivieren, dabei sollte man eine Sorte wählen, die sich in der Region bereits bewährt hat. Gebiete mit sehr starkem Frost sind ungeeignet, da das Holz Schaden nimmt. Auch ist der Pfirsich wegen seiner frühen Blüte spätfrostgefährdet.

Am besten wählen Sie eine einjährige Veredelung, die im Frühjahr in humosen durchlässigen Boden gepflanzt wird. Pfirsich mag keine allzu trockenen Standorte, verträgt aber Staunässe noch weniger. Der Pflanzabstand sollte vier bis fünf Meter betragen. Ein Pfirsichbaum wächst schnell und wird meist zwischen zwei und sechs Meter hoch.

Der Pfirsich muss regelmäßig geschnitten werden. Nach einem formgebenden Schnitt in den ersten Standjahren ist es wichtig, die Krone immer wieder auszulichten und abgetragenes Fruchtholz zu entfernen, da der Baum sonst zu verkahlen droht. Und auch im Winter erfrorenes Holz muss selbstverständlich ausgeschnitten werden. Der ideale Zeitpunkt liegt am Ende der Blütezeit, wenn man bereits gut erkennen kann, welche Zweige Früchte tragen werden. Sobald sich die Fruchttriebe gebildet haben, sollten sie ausgedünnt werden, damit sie ausreichend Qualität ausbilden. An einem Zweig sollte höchstens eine Frucht je zehn Zentimeter verbleiben.

Sorten

Der seit einiger Zeit immer beliebter werdende Plattpfirsich ist ebenso wie die Nektarine eine Sortenspielart – Letztere ist keine Kreuzung aus Pflaume und Pfirsich, wie immer wieder behauptet wird.

- 'Vorgebirgspfirsich' (auch 'Kernechter vom Vorgebirge') ist eine für den Hausgarten sehr gut geeignete robuste Sorte mit mittelgroßen weißfleischigen Früchten. Sie haben ein intensives Aroma und sind deshalb auch sehr gut zum Einwecken geeignet. Geringe Anfälligkeit für Kräuselkrankheit. Reife ab Mitte September.
- 'Fairhaven' bringt sehr wohlschmeckende, große saftige gelbfleischige Früchte hervor, die Mitte August reifen. Die Sorte ist mittelstark anfällig für die Kräuselkrankheit und sollte vorbeugend behandelt werden.
- 'Revita' ist eine neue Züchtung mit sehr geringer Anfälligkeit für die Kräuselkrankheit. Die Früchte reifen Mitte bis Ende August, werden an einem günstigen Standort groß und haben ein cremeweißes Fruchtfleisch. Der Geschmack ist in einem sonnigen Sommer gut.
- 'Weinbergpfirsich' – ein robuste Sorte mit eher kleinen Früchten, deren Fleisch weitgehend rot durchgefärbt ist. Sie schmecken sehr aromatisch, aber weniger süß. Deshalb sind sie besonders gut geeignet zum Einwecken, für Marmelade oder andere Formen der Weiterverarbeitung, auch für Obstbrand.
- 'Nektarose' ist eine unkomplizierte, recht frostharte Nektarinensorte, die auch wenig anfällig für die Kräuselkrankheit ist. Die Früchte reifen Ende August. Sie haben ein weißgrünes Fruchtfleisch und sind mit roter Haut überzogen. Das Aroma ist sehr gut.

Ernten und Lagern

Wer Pfirsiche im eigenen Garten anbaut, wird feststellen, wie viel besser reif geerntete Früchte gegenüber denen schmecken, die aus Südeuropa zu uns in den Handel kommen. Denn diese werden dort noch hart gepflückt, damit sie den Transport überstehen. Es ist allerdings nicht immer so einfach, den idealen Zeitpunkt abzupassen – hängen die Früchte zu lange, können sie auch mehlig oder faserig werden. Hier gilt: Versuch macht klug!

Vollreife Pfirsiche lassen sich nur kurze Zeit lagern. Am besten halten sie an einem kühlen Ort, zum Beispiel dem Gemüsefach vom Kühlschrank. Man kann sie auch gut einfrieren, dazu sollten sie halbiert und entsteint sowie gegebenenfalls die Haut abgezogen werden. Einwecken empfiehlt sich nur bei sehr aromatischen Sorten. Pfirsiche können grundsätzlich auch getrocknet werden, das erfordert aber einen hohen Energieeinsatz, da es recht lange dauert.

Das Obstspalier

Gerade in kleinen Gärten bietet es sich an, an einer Hauswand ein Obstspalier zu ziehen. Vor allem wärmeliebende Arten wie Pfirsich oder Aprikose profitieren davon, auch Birne ist sehr gut als Spalierobst geeignet. Für den Apfel ist eine südliche oder westliche Wand häufig schon zu warm, er gedeiht besser als frei stehendes Spalier – zum Beispiel als Abgrenzung zum Nachbargrundstück.

Auch Beerenobst wie die Johannisbeere lässt sich platzsparend und zierend als Spalier kultivieren. Aufgrund der Wachstumsgesetze tragen die horizontalen Äste eines Spaliers meist sehr üppig. Der einzige Nachteil von Spalierobst ist die relativ aufwendige Pflege und Erziehung. Für die Kultur von Weinreben in kühleren Lagen ist ein Spalier ebenfalls sehr gut geeignet. Im Süden wird häufig die Berankung einer Pergola bevorzugt, die für einen schattigen Sitzplatz sorgt.

Als Grundgerüst dient ein Rankgitter aus Holz oder Metall, es können aber auch Spanndrähte verwendet werden. Zur ausreichenden Hinterlüftung sollte das Gerüst etwa zehn Zentimeter Abstand zur Wand aufweisen.

Ein Spalierbäumchen sollte auf eine schwach wachsende Unterlage veredelt sein. Die ideale Pflanzzeit ist zwischen Spätherbst und Frühjahrsbeginn. Zunächst werden der Leittrieb und die beiden untersten, möglichst waagerechten Äste des Bäumchens am Spalier angeheftet. Praktisch ist dafür ein elastisches Schlauchband – Draht oder Kabelbinder könnten später einwachsen. Dann wird der Leittrieb eingekürzt und die beiden Seitenäste jeweils um ein Drittel auf eine nach unten zeigende Knospe gekappt.

In den Folgejahren entscheiden Sie, ob Sie ein waagerechtes Spalier (gut für Apfel und Birne) oder ein Fächerspalier (gut bei Steinobst) anlegen wollen. Entsprechend muss der junge Baum geschnitten und seine Triebe angeheftet werden. Ein sehr streng aufgebautes Spalier erfordert genaue und regelmäßige Überwachung, ein eher lockeres Spalier verzeiht es auch, wenn mal weniger Zeit zur Pflege da ist. Wenn Sie ein entsprechendes Gerüst gebaut haben, ist es auch möglich, ein asymmetrisches Spalier – zum Beispiel um eine Fenster- oder Türöffnung herum – zu ziehen.

In der Küche

Pfirsiche machen sich hervorragend in einem Obstsalat und harmonieren sehr gut mit Beerenfrüchten sowie exotischen Früchten. Bei manchen Sorten steigert sich das Aroma, wenn sie erhitzt werden. Pfirsich ist eine beliebte Zutat für asiatisch inspirierte Gerichte mit hellem Fleisch oder Geflügel sowie für Chutneys und Currys. Denn das süße Fruchtfleisch der Pfirsiche ergänzt sich hervorragend mit der fruchtigen Schärfe von Chilischoten.

Oben: Pfirsich blüht früh im Jahr – ein später Frost kann dann zum Problem werden.
Unten: Ein Spalier an einer vor kaltem Wind geschützten Hauswand macht es möglich, auch in Norddeutschland Pfirsich oder Aprikose erfolgreich anzubauen.

Die oftmals recht pelzige Haut stört bei der weiteren Verarbeitung in der Küche. Bei den meisten Sorten lässt sie sich gut abziehen, wenn man die Früchte vorher kurz in kochend heißes Wasser gelegt hat. Ansonsten sind Nektarinen mit ihrer glatten Haut eine gute Alternative.

Aprikose – *Prunus armeniaca*

Die Aprikose gehört in die Familie der Rosengewächse und stammt ursprünglich aus Zentralasien. Der Sage nach hat Alexander der Große sie aus dem Kaukasus ans Mittelmeer gebracht. Bereits für die römische Kaiserzeit kann der Anbau in Mitteleuropa archäologisch nachgewiesen werden. Bis ins 17. Jahrhundert hinein zählte man sie zu den »Frühpfirsichen«. Sie ist ebenso wie der verwandte Pfirsich und die Mandel sehr wärmeliebend. Heute wird sie in Europa vor allem im Mittelmeerraum und in einigen Balkanländern angebaut. In Deutschland gibt es hingegen kaum noch erwerbsmäßige Aprikosenkulturen, einer der Gründe dafür ist die Ausbreitung der Scharkakrankheit, für die die Aprikose sehr anfällig ist.

Im Garten

Aprikosen schätzen humosen und leicht feuchten, aber keinesfalls nassen Boden. Sie sollten im Frühjahr als einjährige

Veredelungen gepflanzt werden. In kühleren Lagen kann man sie gut als Spalierbaum ziehen, um eine ordentliche Ernte zu erreichen. Treibt die Aprikose zu früh im Jahr aus, sind die Blüten durch Spätfröste gefährdet, die den gesamten Ertrag zunichtemachen können. Wenn möglich, sollte man deshalb einen nach Osten ausgerichteten Standplatz wählen, der sich im zeitigen Frühjahr nicht ganz so sehr aufwärmt.

Nach einem Erziehungsschnitt in den ersten Jahren muss der Aprikosenbaum regelmäßig ausgelichtet werden. Ein Blätterdickicht befördert das Risiko von Krankheiten und führt zu qualitativ schlechten Früchten. Ein zu hoher Fruchtansatz muss ausgedünnt werden.

Sorten

- 'Ungarische Beste' ist eine alte Sorte, die sich im milden Klima bewährt hat. Sie reift ab Mitte August über einen längeren Erntezeitraum. Die mittelgroßen Früchte sind fest und werden auch bei Vollreife nicht mehlig.
- 'Mombacher Frühe' reift bereits Mitte bis Ende Juli und bringt saftige Früchte hervor. Sie ist gut geeignet für das Weinbauklima.
- 'Hargrand' ist eine Neuzüchtung mit sehr großen, säuerlich-aromatischen Früchten, die Ende Juli reifen. Die Sorte ist widerstandsfähig gegen Krankheiten und gedeiht auch in nicht ganz so optimalem Klima.
- 'Nancy' wird seit mehr als 200 Jahren in Frankreich angebaut. Sie stellt keine so hohen Standortansprüche und kommt auch mit einem etwas kühleren Klima zurecht. Die aromatischen großen Früchte reifen ab Anfang August, sie sind allerdings platzempfindlich bei viel Regen.

Ernten und Lagern

Aprikosen sind reif geerntet am besten. Nimmt man sie kurz vor der Reife ab, können sie auch noch ein wenig nachreifen und halten länger. Im Kühlschrank lassen sie sich einige Tage aufbewahren. Trocknen ist eine vor allem im Süden häufig genutzte Konservierungsmethode – dazu sollten die Früchte noch nicht zu weich sein. Aprikosen eignen sich auch dafür, eingefroren oder eingeweckt zu werden.

In der Küche

Ebenso wie beim Pfirsich verstärkt sich das Aroma der Aprikose durch das Garen. Wohl das berühmteste Aprikosengericht sind die aus Böhmen nach Österreich eingeführten »Marillenknödel«, ein aus Quarkteig geformter Kloß gefüllt mit einer Aprikose.

Die Aprikose eignet sich sehr gut zur Bereitung von Kuchen und Süßspeisen, da sie beim Erhitzen nicht zu viel Saft lässt. Sie harmoniert sehr gut mit Ricottakäse, Quark und Sahne. Ein bisschen Vanille macht das Aroma der Aprikose noch runder, abgeriebene Zitronenschale lässt den Geschmack etwas spritziger werden. Sehr gut passen Mandeln, Haselnüsse oder Walnüsse, die auch leicht geröstet sein dürfen.

Gedeckter Aprikosen-Nuss-Kuchen

Zutaten **500 g Aprikosen ¦ 200 g Mehl ¦ 80 g Zucker ¦ Salz ¦ 100 g Butter ¦ 1 mittelgroßes Ei ¦ 150 g Haselnüsse ¦ 150 g Mandeln ¦ 150 g Zucker ¦ ½ TL Zimt ¦ 100 g Vollkornmehl**

1 Mehl, Zucker und eine Prise Salz vermengen, die Butter und das Ei dazu geben und alles zu einem geschmeidigen Teig kneten – bleibt er zu trocken, kommt ein wenig Wasser dazu. Diesen 30 Minuten im Kühlschrank ruhen lassen.

2 Den Mürbeteig in einer gefettete Springform (28 cm) ausrollen und den Rand ein wenig hoch ziehen. Bei 180 °C (Umluft) 15 Minuten backen und aus dem Ofen nehmen.

3 Die Nüsse und Mandeln in der Küchenmaschine grob zerkleinern (notfalls schon gemahlene Nüsse kaufen) und in einer Pfanne unter stetem Rühren ein wenig anrösten. Den Zucker, den Zimt und das Vollkornmehl unterrühren und etwa 200 ml Wasser einrühren, bis eine zähe Masse entstanden ist.

4 Die Aprikosen halbiert und entsteint mit der Schnittfläche nach unten auf den Kuchenboden legen. Die Nussmasse darüber verteilen und glatt streichen.

5 Den Kuchen 40 Minuten bei 180 °C (Umluft) backen, ihn dabei die erste Hälfte der Backzeit mit Alufolie abdecken.

Obst

Beerenobst

Stachelbeere – *Ribes uva-crispa*

Die zu den Steinbrechgewächsen zählende Stachelbeere ist heute in fast ganz Europa bis zur Mitte Skandinaviens zu finden und ist auch im westlichen Asien und in Nordafrika verbreitet. Ihre ursprüngliche Herkunft ist wegen der vielen verwilderten Formen nicht mehr eindeutig rekonstruierbar.

In Mitteleuropa wird die Gartenstachelbeere mindestens seit dem 15. Jahrhundert kultiviert. Besonders beliebt ist die kältetolerante Beerenfrucht auf den Britischen Inseln, wo es eine große Sortenvielfalt gibt. Auch in Deutschland erfreute sich die Stachelbeere wegen ihrer vielseitigen Verwendbarkeit großer Beliebtheit. Seit Beginn des 20. Jahrhunderts hat sich jedoch in Europa der Amerikanische Stachelbeermehltau ausgebreitet, wodurch viele Gärtner die Lust am Anbau verloren haben. Es sind aber mittlerweile einige neue Züchtungen auf dem Markt, die weitgehend unempfindlich gegen den Erreger sind. So gewinnt die Stachelbeere allmählich wieder mehr Liebhaber in hiesigen Gärten.

Im Garten

Im Hausgarten wird die Stachelbeere meist als Busch oder Hochstamm gepflanzt. Dabei sollte der Abstand zwischen den Pflanzen etwa eineinhalb Meter betragen. Die Stachelbeere eignet sich jedoch auch für die Erziehung als Hecke an einem niedrigen Drahtspalier – und lässt sich auf diese Weise leichter abernten.

Die Stachelbeere stellt keine besonderen Ansprüche an den Boden. Während der Fruchtreife sollte gleichmäßig gewässert werden. In eher warmem Klima bevorzugt sie einen halbschattigen Standplatz.

Es ist wichtig, abgetragene Triebe regelmäßig auszulichten, sodass die Pflanze nicht zu dicht wird. Denn darunter leidet die Qualität der Früchte und das Risiko einer Pilzerkrankung nimmt zu. Im Prinzip sind Stachelbeeren selbstfruchtbar, allerdings erhöht sich der Ertrag, wenn mehrere Sorten im Garten vorhanden sind.

Oben: Die Jostabeere – eine Kreuzung aus Johannis- und Stachelbeere – eignet sich wegen ihres herben Geschmacks sehr gut für die Herstellung von Konfitüre und Likör.

Sorten

Die Vielfalt der Stachelbeersorten ist groß. Viele alte Sorten sind jedoch sehr mehltauanfällig, weshalb sich ihr Anbau trotz anderer positiver Merkmale nicht mehr lohnt. Bereits in den 1920er-Jahren ist einem Züchter eine Kreuzung aus Johannis- und Stachelbeere gelungen, seit Ende der 1970er-Jahre sind mehrere solcher Hybriden auf den Markt gekommen.

- 'Hinnonmäki gelb' stammt aus Finnland und ist für ein kühles Klima sehr gut geeignet. Sie fruchtet Anfang bis Mitte Juli, ist nicht platzempfindlich und bringt einen mittleren bis hohen Ertrag an leicht säuerlich-aromatischen Früchten.
- 'Invicta' ist eine mittelfrühe Sorte, die wenig krankheitsanfällig und nicht platzempfindlich ist. Sie trägt mittelgroße grüne Früchte von gutem Geschmack. Die Schale ist nicht so sauer wie bei manch anderen Sorten.
- 'Redeva' ist erst seit wenigen Jahren im Handel. Diese weitgehend mehltaufreie Sorte reift spät und bringt einen hohen Ertrag. Die großen roten Früchte sind säuerlich-aromatisch.
- 'Remarka' trägt sehr früh große dunkelrote Früchte mit gutem Geschmack. Sie ist unempfindlich gegen Mehltau, jedoch neigen die Früchte zum Platzen.
- 'Josta' ist eine Kreuzung aus schwarzer Johannisbeere und Stachelbeere. Die robuste und wenig anfällige Pflanze wächst zu einem stattlichen Strauch und trägt schwarze herb-aromatische Früchte, die vollreif auch süß werden.
- 'Schwarze Honigbeere' *(Ribes divaricatum)* ist eine nahe Verwandte der Stachelbeere, ihre genaue Herkunft ist jedoch unbekannt. Sie ist sehr robust und ein Massenträger, die Früchte sind schwarzbraun und herb-süß. Seit einigen Jahren wird sie von Raritätengärtnereien vertrieben.

Ernten und lagern

Wenn ein Busch reichlich trägt, können Beeren für die Verarbeitung zu Kompott oder Konfitüre deutlich vor der Vollreife geerntet werden – durch die sogenannte »Grünpflücke« ist das typische Aroma noch kräftiger ausgeprägt. Die am Busch verbleibenden Früchte entwickeln dann eine besonders hohe Qualität und werden auch größer. Für den Frischverzehr sind voll ausgereifte Früchte natürlich am besten geeignet, da sie süßer sind.

Bei der Ernte ist es angenehm, wenn man zu zweit ist und einer die stacheligen Zweige weghält, während der andere pflückt. Im Kühlschrank halten frisch geerntete Stachelbeeren einige Tage. Sie lassen sich auch unkompliziert einfrieren.

In der Küche

Um Stachelbeeren wirklich fein zu putzen, muss man sowohl den Stiel als auch den Rest der Blüten abzupfen, was ein bisschen fummelig ist. Dafür wird man mit einem Obst belohnt, dass immer seltener im Handel erhältlich ist, da die Ernte arbeitsintensiv und damit sehr kostspielig ist.

Kulinarisch wird die Stachelbeere häufig unterschätzt. Sie harmoniert sehr gut mit anderem Beerenobst. Eine »grüne Grütze« – gekocht aus reifen Stachelbeeren, Frühapfel, etwas Vanille und Zucker und serviert zu cremig gerührter Mascarpone – ist schnell zubereitet und sommerlich erfrischend. Ein Klassiker ist eine Stachelbeertorte auf Mürbeteig und mit Baiser überbacken. Süß-sauer eingelegte Stachelbeeren mit Dillsamen und Chili ergeben eine pikante Beilage zu Käse und gebratenem Fleisch.

Rote Grütze

500 g Stachelbeeren ¦ 250 g Jostabeeren ¦ 250 g Himbeeren ¦ 200 ml Traubensaft oder Rotwein ¦ 120 g Zucker ¦ 65 g Sago

Das Obst verlesen, putzen und waschen. Die Früchte zusammen mit dem Traubensaft kurz aufkochen und durch ein Sieb abgießen.

Den Traubensaft mit dem Zucker und dem Sago wieder aufsetzen und 20 Minuten kochen lassen. Der Sago wird weich und geleeartig. Die Früchte wieder untermengen. Die Grütze vor dem Servieren abkühlen lassen und noch einmal durchrühren.

Dazu schmecken Griesklößchen, Vanillepuddig oder -eis und Sahne. Die Rote Grütze lässt sich hinsichtlich der verwendeten Früchte vielfältig variieren und bei weniger sauren Früchten kann auch die Zuckermenge reduziert werden.

Links: Sommerliches Beerenobst und Kirschen eignen sich nicht nur vortrefflich für die Zubereitung von Roter Grütze in diversen Variationen, sondern auch für leckere Konfitüren und Gelees.

Konfitüre und Gelee

Der Volksmund spricht von Marmelade und meint jene süße Zubereitung aus Früchten, die man sich morgens gerne aufs Brötchen streicht. Der Begriff stammt ursprünglich von dem portugiesischen »marmelo«, womit Quittenmus gemeint war. Im 17. Jahrhundert begann man auch hierzulande von Marmelade zu sprechen, wenn von einem Fruchtmus die Rede war. Doch Anfang der 1980er-Jahre wurde in Deutschland die Konfitürenverordnung erlassen, nach der nur noch solche süßen Fruchtzubereitungen als Marmelade bezeichnet werden dürfen, die hauptsächlich aus Zitrusfrüchten hergestellt werden. Für den Handel ist das eine klare Vorschrift – am heimischen Frühstückstisch ist aber »Marmelade« weiterhin der Sammelbegriff für süße fruchtige Brotaufstriche.

Einfacher als das bürokratisch verursachte Begriffswirrwarr ist die Zubereitung dieser Leckerei. Aus jedem Obst lassen sich Konfitüren und Gelees herstellen – Beerenfrüchte sind aufgrund ihrer kräftigen attraktiven Färbung und ihres intensiven Aromas besonders geeignet. Durch das Aufkochen und den verhältnismäßig hohen Zuckergehalt ist die Gefahr, dass etwas verdirbt, sehr gering. Wer die Grundregeln beachtet, kann ohne Sorge vielfältig experimentieren und tolle Kreationen herstellen, wie man sie nirgendwo kaufen kann. Selbst gemachte Konfitüren und Gelees sind immer ein nettes kleines Geschenk.

Verwenden Sie gut gewaschene und geputzte Früchte ohne schadhafte Stellen. Im Idealfall sind sie kurz vor der Vollreife geerntet worden. Überreifes Obst ist nicht geeignet. Schneiden Sie das Obst in kleine Stücke – bei Beeren ist dies nicht immer nötig. Wiegen Sie die geschnittenen Früchte und berechnen Sie aufgrund dieses Gewichts die notwendige Menge Gelierzucker. Der Handel bietet diesen für die Mischungsverhältnisse 1:1, 2:1 und 3:1 an. Bei sehr saurem Obst ist 1:1 eine gute Wahl, sonst darf es gerne weniger Zucker sein. Zubereitungen mit 3:1 sind nicht so lange haltbar und müssen nach dem Öffnen im Kühlschrank aufbewahrt werden.

Meist hat das Obst beim Zuschneiden schon etwas Saft gelassen und kann ohne weitere Wasserzugabe langsam im eigenen Saft erhitzt werden. Falls nicht, reicht es aus, den Topfboden dünn mit Wasser zu bedecken. Garen Sie das Obst nun kurz, bis es weich geworden ist. Den Gelierzucker dazugeben und alles drei Minuten sprudelnd kochen lassen – dabei mehrmals Umrühren!

Die fertige Marmelade wird in saubere Gläser gefüllt, die auf einem feuchten Tuch stehen, damit sie durch die plötzliche Hitze nicht zerspringen. Am einfachsten ist es, sie mit Twist-Off-Deckeln zu verschließen und dann für ein paar Minuten auf den Kopf zu stellen. Durch den Kontakt zur heißen Marmelade werden die Deckel auch steril. Wem dies nicht sicher genug ist, der sollte Gläser und Deckel vorher im Wasserbad für ein paar Minuten sterilisieren.

Wenn Mischmarmeladen gekocht werden, sollten jene Früchte, die länger benötigen bis sie weich sind, zuerst in den Topf wandern, die anderen kommen später hinzu. Gewürze wie Ingwer, Chili, Zimt, Nelke oder getrocknete Kräuter werden ebenfalls kurz mitgegart. Manche Marmeladenrezepte enthalten auch Spirituosen, diese werden erst am Ende hinzugefügt. Wenn fett- oder eiweißhaltige Zusätze wie beispielsweise Nüsse verwendet werden, können diese die Haltbarkeit der Marmelade ganz erheblich reduzieren.

Gelees werden im Prinzip genauso wie Konfitüren zubereitet – jedoch nicht aus ganzen Früchten, sondern aus dem Saft. Dieser lässt sich entweder durch einen Heißentsafter (Dampfentsafter) gewinnen oder durch das Aufkochen der Früchte in ein wenig Wasser und das anschließende Abtropfen durch ein Tuch oder Sieb. Man kann auch frischen mit der Presse oder der Zentrifuge hergestellten Saft verwenden. Letzterer ist trüb, während es meist gewünscht ist, dass Gelee klar bleibt.

Johannisbeere – *Ribes rubrum* und *R. nigrum*

Rote, weiße und schwarze Johannisbeeren stammen von verschiedenen in Mittel- und Südeuropa heimischen Wildformen ab und sind hervorragend an das hiesige Klima angepasst. In Gärten angebaut wird dieses Beerenobst allerdings erst seit dem 15. Jahrhundert. Im deutschsprachigen Raum ist die Kultur in Hausgärten bis heute am bedeutendsten, in Osteuropa findet im größeren Umfang auch Erwerbsanbau statt.

Ein Problem ist die aufwendige Ernte, die hohe Kosten verursacht – weshalb heimische Johannisbeeren nur selten in den Handel kommen. Die Früchte haben einen hohen gesundheitlichen Wert, insbesondere die Schwarze Johannisbeere besticht durch ihren immensen Vitamin-C-Gehalt, sie wirkt immunstimulierend, blutdrucksenkend und dank der enthaltenen Antioxidantien auch krebsvorbeugend.

Im Garten

Der Anbau von Johannisbeeren ist unkompliziert und gelingt auf jedem Boden. Die Pflanzen wünschen einen sonnigen bis halbschattigen Standort und brauchen zwischen Blüte und Beerenreife eine regelmäßige Wasserversorgung. Die meisten Sorten sind selbstfruchtbar, es erhöht aber den Ertrag – und verlängert die Erntezeit – wenn man mehrere Sorten pflanzt.

Johannisbeeren sind Flachwurzler, bei der Bodenbearbeitung sollte man daher aufpassen, dass man die Wurzeln nicht verletzt. Auch eine Unterpflanzung ist nicht ratsam, Mulchen mit Grasschnitt und anderem organischen Material wird hingegen mit gesundem Wuchs honoriert.

Während sich die Rote Johannisbeere auch für die Erziehung als Hecke bzw. am Spalier eignet, bekommt der Schwarzen Johannisbeere die Kultur als Busch am besten. Wichtig ist es, die Pflanzen regelmäßig auszulichten, dies geschieht am besten im Sommer nach der Ernte.

Sorten

Johannisbeeren werden in zwei Gruppen eingeteilt: Rote, weiße und gelbe Sorten gehören in die botanische Gruppe *Ribes rubrum*, die Schwarze Johannisbeere zu *Ribes nigrum*.

- 'Blanka' ist eine gelbweiße Sorte mit später Reife und hohem Ertrag. Die Beeren hängen an langen Trauben und sind säuerlich-aromatisch.
- 'Weiße Versailler' ist eine alte französische Sorte, die immer noch sehr gerne wegen ihres vorzüglichen Aromas angebaut wird. Der Ertrag ist reichlich.
- 'Jonkheer van Tets', eine rote Johannisbeere, reift als eine der ersten Sorten und bringt sehr wohlschmeckende Früchte hervor, die allerdings nicht ganz platzfest sind.
- 'Rovada' ist spätreifend und reich tragend. Die roten Beeren haben ein ausgeprägtes Aroma und sind säuerlich.
- 'Silvergieters Schwarze' ist eine altbewährte Sorte mit hohem Ertrag und früher Reife. Sie weist von allen gängigen Sorten den höchsten Vitamin-C-Gehalt auf und schmeckt dennoch süß-herb. Ein Nachteil ist, dass sie leicht verrieselt.
- 'Titania' ist eine weit verbreitete Schwarze Johannisbeersorte. Sie ist robust und bringt einen guten Ertrag. Ausgeprägte Säure.

Ernten und lagern

Meist kann man einen Johannisbeerenbusch in zwei Schritten abernten – zunächst die Früchte auf der Südseite, einige Tage später die auf der sonnenabgewandten Seite. Es werden die ganzen Trauben und nicht die einzelnen Beeren geerntet. Man kann sie mit einer Schere abschneiden oder mit den Fingern abknipsen.

Für den Frischverzehr sollten möglichst alle Beeren ausgereift sein, für die Herstellung von Gelee oder Konfitüre macht es nichts, wenn einige Beeren noch nicht so weit sind. Geerntet wird möglichst nicht in der Mittagshitze. Im Kühlschrank halten sich die Beeren einige Tage, solange sie noch an den Trauben hängen. Sie eignen sich auch sehr gut zum Einfrieren, dafür müssen sie aber abgezupft werden.

In der Küche

Johannisbeeren wäscht man, solange sie sich noch an den Trauben befinden. Dann kann man sie leicht mit einer Gabel »abkämmen«. Frisch mögen die meisten Menschen Johannisbeeren nur in kleinen Mengen verzehren, da die Säure sehr dominant ist. Dies wird gemildert durch etwas Zucker und Joghurt oder – wer es mächtiger mag – Sahnequark.

Johannisbeeren sind ein unverzichtbarer Bestandteil von Roter Grütze mit Vanillesoße oder Grießklößchen. Sie machen sich gut als Kuchenbelag, häufig mit Streuseln, Baiser oder auch Käse-Sahne. Schwarze Johannisbeeren sind wegen ihres herben intensiven Aromas kulinarisch noch interessanter und ergänzen sich gut mit Weißwein oder Sekt.

Johannisbeermuffins

Zutaten **300 g Johannisbeeren ¦ 350 g Mehl ¦ 1 Päckchen Backpulver ¦ 100 g Zucker ¦ 2 Eier ¦ 100 g Rapsöl ¦ abgeriebene Schale von ½ Bio-Zitrone ¦ etwas Milch**

1 Das Mehl mit dem Backpulver und dem Zucker mit einer Gabel vermengen.

2 Eier, Öl und die abgeriebene Zitronenschale hinzufügen und mit der Gabel zu einem lockeren Teig rühren, gegebenenfalls noch etwas Milch dazugeben. Der Teig sollte die Konsistenz von Magerquark haben.

3 Die Johannisbeeren unterheben und den Teig auf 12 Muffinförmchen verteilen. Bei 180 °C (Umluft) auf mittlerer Schiene 20 Minuten backen.

Tipp

Die Muffins sind blitzschnell gemacht, wenn unerwartete Gäste kommen. Man kann dafür zum Beispiel auch tiefgefrorene Johannisbeeren in den Teig geben. Und mit etwas Vanillesahne dazu schmecken sie noch leckerer.

Reportage

Obstglück im Selbstversorgergarten

Beidseits der Straße leuchtend gelbe Kornfelder, im Hintergrund der tiefblaue Wardersee, darüber ein mit Zuckerwattewolken verzierter Himmel – so fährt man durch einen Sommertraum auf immer schmaler werdenden Straßen bis zu einem kleinen Dorf mit einer Handvoll Häusern.

Dort ist Margret Günther aufgewachsen. Und als ihr Bruder vor etwa 20 Jahren zu berichten wussten, dass der benachbarte Nebenerwerbshof verkauft werden sollte, haben sie und ihr Ehemann Klaus nicht lange gefackelt und das in den 1930er-Jahren gebaute Haus mitsamt Stallungen, Werkstätten und einem großen Stück Land erworben – den Blick über die Felder bis hinunter zum See inklusive.

»Am Anfang war hier nur eine wilde Hausweide«, erinnert sich Margret Günther, »wir haben das alles Stück für Stück bearbeitet.« Aber sie wusste noch aus ihrer Kindheit, wo früher der nachbarliche Gemüsegarten gelegen hatte, und genau dort hat das Ehepaar damit begonnen, Kartoffeln zu legen und das Land wieder urbar zu machen. Mittlerweile haben die beiden gut 3000 Quadratmeter zu einem vielfältigen Garten gestaltet. Gemüsegarten, Hühnerhof, Obstgarten und dazwischen mindestens ein Dutzend verschiedener Gartenräume mit Sommerblühern und Rosenbogen, Sitzplätzen für Morgen- und Abendsonne: Unter einer weinberankten Laube steht eine weiße Sitzgarnitur, der Blick kann von hier weit über die Felder bis zum Horizont schweifen. Im Schatten der Apfelbäume laden zwei leichte Biergartenstühle an einem von Klaus Günther selbst gezimmerten blauen Holztisch zu einer Rast. Windschutz bietet ein Strandkorb aus Holzgeflecht, der mit ein paar Kissen ausgefüllt zu einem kuscheligen Plätzchen wird. Günthers mögen der Natur nachempfundene runde Formen, so sind die meisten Wege geschwungen und in dem nicht ganz britischen Rasen finden sich immer wieder Inseln, bepflanzt mit Stauden und Rosen, größeren und kleineren Obstbäumen, Himbeeren und Johannisbeeren.

So könnte man den ganzen Tag durch den Garten streifen, immer wieder neue schöne Einblicke gewinnen und sich auf den einladenden Stühlen und Bänken niederlassen, um beruhigendes Grün und üppiges Farbenspiel zu genießen. Kein Wunder also, dass das Ehepaar Günther in der warmen Jahreszeit tagsüber fast nie im Haus anzutreffen ist. Da sich die beiden selbst mit Obst und Gemüse versorgen, bleiben sie aber nie lange sitzen, denn es gibt immer auch etwas zu tun. Gartenarbeit empfinden sie eher als Genuss denn als Stress, und wollten niemals tauschen. »Wir haben schon immer einen Garten gehabt«, erzählt Ehemann Klaus, »früher war es ein gepachteter Kleingarten. Ohne das können wir es uns gar nicht vorstellen. Und so wussten wir auch, was hier auf uns zukommt, wir haben auch früher schon unser eigenes Obst und Gemüse gehabt.«

Dank langjähriger Erfahrung und gekonnter Planung kann sich das Ehepaar über das ganze Jahr selbst mit Obst versorgen. »Mit dem Rhabarber fängt es an, dann kommen die Maibeeren – das sind nicht viele, aber es reicht so zum Naschen«, berichtet Margret Günther. Im Juni beginnt die Erdbeerzeit, im Juli ist die Vielfalt dann schon sehr groß: Es gibt dreierlei Johannisbeeren, Jostabeeren, Himbeeren und Stachelbeeren. Bald darauf reifen Brombeeren und die verwandten Taybeeren. »Ich friere dann vieles ein, was ich erst später im Herbst zu Saft oder Marmelade verarbeite, sonst ist das nicht zu schaffen«, erklärt die Gärtnerin. Denn nun kommen bereits die süßen und sauren Kirschen.

Mit der Reife der 'Ananasrenette' beginnt die Apfelzeit. »Ich habe unsere neun Bäume so ausgesucht, dass alle nacheinander reifen und wir bis weit ins darauffolgende Frühjahr eigene Äpfel haben«, sagt Margret Günther und zählt die übrigen Sorten auf: 'Grahams Jubiläumsapfel', 'Signe Tillisch', 'Jonagold', 'Kanadarenette', 'Schöner von Nordhausen', 'Altländer Pfannkuchenapfel', die hübsche 'Rote Sternrenette' – auch als Weihnachtsapfel bekannt – und schließlich der 'Ontario', der erst einige Monate liegen muss, bevor er genussreif wird. Gesaftet wird nur Fallobst, alle anderen Äpfel werden sorgfältig in Stiegen gepackt und im Schuppen gelagert. Dort halten sie einige Monate lang.

Der Spätsommer und Frühherbst sind die Zeit des Überflusses. Die Mirabelle trägt süße Früchte, eine selbst versamte rotlaubige Kirschpflaume möchte beerntet werden – die kleinen Pflaumen geben einen leckeren Saft. Der Holunder, dessen Blüten Frau Günther bereits im Frühjahr schon ein-

Oben: Im üppigen Gemüsegarten sorgen Ringelblumen und Borretsch für Blütenpracht.
Mitte: Der Kürbis wird die Gummistiefel bald überwuchert haben, so gut wächst er hier.
Unten: In Anzuchtplatten steht schon der junge Grünkohl bereit, der nach der Kartoffelernte ausgepflanzt wird.

mal für die Herstellung von Gelee und Sirup geschnitten hat, steht nun voller Rispen mit tiefschwarzen Beeren. Aus ihnen wird Saft für kalte Wintertage gewonnen, der bei Erkältungskrankheiten hilft.

Über dem romantischen Sitzplatz in der Weinlaube baumeln reife Trauben. Und bald hängen auch die drei Birnbäume voll mit reifen Früchten der Sorten 'Gute Luise', 'Conference' und 'Bürgermeister', alle sind altbewährt. Später im Herbst ist die Zwetsche soweit – gefolgt von den beiden Birnenquitten und schließlich der Mispel, deren Früchte erst genießbar werden, wenn sie ein wenig Frost bekommen haben. »Die lassen wir größtenteils für die Vögel«, erzählt Margret Günther. Das Obstglück ist also vollkommen, nur die Bayernkiwi lässt mit ersten Früchten noch auf sich warten, obgleich sie schon seit Jahren ihr Rankgerüst erklommen hat.

Im Herbst duftet es dann im ganzen Haus nach den Aromen des Sommers: Stundenlang steht der Dampfentsafter in der Küche auf dem Herd und Margret Günther produziert leckere Säfte aus Apfel und Birne, Johannisbeere und Holunder – sie reichen für den ganzen Winter. Konfitüren kocht die Hausherrin in solchen Mengen, dass sie das eine oder andere Glas an die Nachbarn weitergeben kann. Und auch die vier Töchter und sieben Enkel freuen sich über die selbst gemachten Köstlichkeiten aus dem elterlichen Garten – besonders beliebt ist der leckere Obstkuchen, den sie mit den eigenen Früchten in vielen Variationen bäckt.

Mit dem Obst alleine geben sich die Günthers jedoch nicht zufrieden. Mitten im Garten, und dank geschickter Heckenbe-

Oben: Die kleinen Früchte der Felsenbirne schmecken süß-aromatisch. Die Vögel mögen sie auch.
Mitte: Drei Laufenten kümmern sich im Garten der Günthers darum, dass Nacktschnecken nicht überhandnehmen.
Unten: Überall im Garten verteilt finden sich gemütliche Sitzplätze zum Verweilen.

pflanzung kaum sichtbar, befindet sich das Zuhause von etwa 50 Hühnern, dazu kommen noch einige Flugenten, Sachsenenten und Laufenten – Letztere watscheln im Dreiertrupp durch den Garten und sorgen dafür, dass die Schnecken nicht zur Plage werden. Eier gibt es also reichlich, genauso wertvoll ist aber der Hühnermist, der für kräftiges Wachstum im großen Gemüsegarten sorgt.

Dieser ist der ganze Stolz der Gärtnerin. Zum guten Gedeihen des Gemüses trägt die breite Wildobsthecke bei, die kalte Nordostwinde abhält. Dort wachsen Felsenbirne, Eberesche, Kornelkirsche und sogar ein Speierling – und bieten feine Naschfrüchte, aber auch reichlich Nahrung und Schutz für die Vögel. »Wir gärtnern mit der Natur, nicht gegen die Natur«, betont Klaus Günther, in dessen Zuständigkeitsbereich auch der Bau eines Insektenhotels und die Aufschichtung von Wallhecken aus Totholz fallen. Baum- und Strauchschnitt bleiben so im Garten und verrotten langsam zu wertvollem Humus. In der Zwischenzeit dient das Totholz als Zufluchtsort und Zuhause von etlichen Kleintieren, unter ihnen ein Igel, der das Ehepaar mit abendlichen Ausflügen im gesamten Garten unterhält. Gedüngt wird mit dem Geflügelmist, außerdem bereitet Margret Günther diverse Kräuterjauchen zur Kräftigung ihrer Schützlinge, sodass Chemie im Garten außen vor bleiben kann.

Im Gemüsegarten setzt die Gärtnerin auf Mischkultur und sät Ringelblumen zwischen die Kulturen, die für eine gute Bodengesundheit sorgen sollen. Bunte Vielfalt ist immer gut: Neben Salat, Stangenbohnen, Beete, Pastinaken, Kohl und Kartoffeln, Gurken und noch vielem mehr wachsen auch mehrere Reihen Erdbeeren im Gemüsegarten. Und hinter dem von Klaus Günther aus Baustahlmatten und Folie selbst konstruierten Gewächshaus steht der Rhabarber. Natürlich dürfen auch ein paar Physalisbüsche nicht fehlen, die An-

Links: Margret und Klaus Günther sind glücklich über jede Stunde, die sie draußen im Garten verbringen.

denbeeren in den hübschen Lampionhüllen benötigen jedoch einen warmen Herbst, um draußen zu reifen – ansonsten werden sie gepflückt und reifen drinnen nach. Andere wärmeliebende Kulturen wie Tomaten – darunter viele alte Sorten – und Gurken stehen im Gewächshaus, für das Klaus Günther sogar eine solarbetriebene Fußbodenheizung ersonnen hat. So dauert die Erntezeit einige Wochen länger als üblich und auch der Ertrag ist hoch. Was frisch nicht gegessen werden kann, wird einfach in Gläsern eingekocht und dient im Winter als Grundlage für Suppen und Soßen.

Erfrischend fruchtige Lieblingskonfitüre von Margret Günther

500 g Erdbeeren (gewaschen und geputzt) ¦ 250 g Schwarze Johannisbeeren (gewaschen) ¦ 250 g Orangenfruchtfleisch (aus frischen Orangen, ohne Haut und Kerne) ¦ 1 kg Gelierzucker (1:1)

Erdbeeren und Orangenstücke klein schneiden und zusammen mit den Johannisbeeren in einem mittelgroßen Topf 5 Minuten köcheln lassen.

Den Gelierzucker hinzufügen und weitere 3 Minuten sprudelnd kochen lassen. Heiß in Gläser abfüllen, für ein paar Minuten auf den Kopf stellen.

Tipp

Es kann auch Gelierzucker (2:1) verwendet werden, dann benötigt man nur 500 g und die Konfitüre schmeckt weniger süß.

Oben: Im Garten der Günthers wird nicht nur das Nutzgärtnern groß geschrieben, auch die Kletterrosen sind ihr ganzer Stolz.
Unten: Klaus Günther nascht die gesunden schwarzen Johannisbeeren gerne direkt vom Strauch.

Brombeere – *Rubus fruticosus*

Die Brombeere gehört zu den Rosengewächsen und ist in ihren Wildformen in Teilen Europas, Asiens und Nordamerikas beheimatet. Unsere heutigen Kultursorten stammen von ihnen ab. In den USA spielt die Züchtung neuer Sorten eine größere Rolle als hierzulande. Verwilderte Brombeeren wachsen vielerorts an Waldrändern, Bahndämmen und auf innerstädtischen Brachen. Wer gute Stellen kennt, kann dort eimerweise ernten. Lederhandschuhe und feste Kleidung schützen dabei vor den Dornen, an denen man sich sonst schnell verletzen kann.

Im Garten

Je nach Sorte sind Brombeeren sehr wüchsig und deshalb nicht für einen kleinen Garten geeignet. Eine Pflanze benötigt etwa 1 × 2,5 Meter Standfläche. Sie sind aber wenig anspruchsvoll hinsichtlich des Standortes – Sonne oder Halbschatten sind möglich, der Boden sollte nur nicht staunass sein. In sehr kalten Wintern kann die Brombeere bis ins Holz zurück frieren, treibt aber in der Regel wieder aus.

Der Ertrag lässt sich erheblich steigern, wenn man die Brombeere an ein Spalier oder ein Rankgerüst setzt und konsequent im zeitigen Frühjahr alle Ranken entfernt, die bereits im Vorjahr getragen haben, und die neuen Ranken waagerecht aufbindet. Im Spätsommer kann ein wenig gedüngt werden, ansonsten schätzen die Pflanzen es, wenn ihr Wurzelraum gemulcht wird.

Sorten

Die klassische Brombeere ist wüchsig, bedornt und trägt schwarze Früchte. Daneben gibt es heute eine ganze Reihe dornenloser Züchtungen, die häufig auch weniger raumgreifend sind. Außerdem sind einige Hybriden aus Brombeere und Himbeere auf dem Markt.

- 'Theodor Reimers' ist der Klassiker unter den Brombeeren. Diese Sorte wächst sehr kräftig und ist äußerst robust. Sie neigt dazu, Ausläufer zu bilden. Sie hat sehr viele Stacheln und ist deshalb nicht leicht in Zaum zu halten. Die von Ende Juli bis September erscheinenden Früchte sind jedoch aromatisch und süß, weshalb sich der Anbau lohnt.
- 'Loch Ness', eine Züchtung aus Schottland, gilt als beste dornenlose Sorte. Sie trägt ab Anfang August bis Mitte September, die Früchte sind groß und wohlschmeckend.
- 'Asterina' ist dornenlos und trägt sehr süße Früchte, die ab Mitte Juli bis zum Ende des Sommers geerntet werden.
- 'Navaho' ist eine aufrecht wachsende Sorte, die weniger Arbeit mit dem Aufbinden macht und nicht so raumgreifend ist. Die Früchte reifen ab Mitte August, sie sind süß und fest.
- Die 'Loganbeere', eine Kreuzung aus Himbeere und Brombeere, gilt als robust und ertragreich. Sie reift im Juli und August und bringt dunkelrote, recht große Früchte hervor. Es gibt auch stachellose Weiterzüchtungen.
- 'Boysenbeere' – diese Kreuzung aus Himbeere und Brombeere trägt schwarze sehr große Früchte, die säuerlich-aromatisch schmecken. Sie bevorzugt leicht sauren Boden und verträgt keine Temperaturen unter –12 °C.

Ernten und Lagern

Die Ernte von Brombeeren zieht sich meist über einige Wochen, in denen immer wieder Früchte nachreifen. Insofern ist die Brombeere eine ideale Naschfrucht. Frisch schmecken die Beeren am süßesten, wenn sie voll reif sind. Dann lassen sie sich ganz leicht abziehen. Für die Verarbeitung zu Konfitüre dürfen sie auch schon etwas früher gepflückt werden, da ist der Säuregehalt noch etwas höher.

Je nach Sorte sind frisch geerntete Brombeeren so weich und empfindlich, dass sie nur vorsichtig transportiert werden können – am besten in lockeren Schichten mit einem Blatt Küchenkrepp dazwischen in einem Korb – und noch am Erntetag verzehrt werden sollten. Sie eignen sich auch gut dazu, eingefroren zu werden.

In der Küche

Aus Brombeeren lässt sich ein vorzügliches Gelee herstellen, dazu werden die Früchte zunächst dampfentsaftet. Der gewonnene Saft wird mit Gelierzucker (2:1) weiter verarbeitet. Wen die kleinen Kerne nicht stören, der kann auch Konfitüre aus den ganzen Früchten machen. Beliebt sind Mischungen mit Himbeere. Brombeeren eignen sich auch sehr gut für Kuchen und süße Desserts mit Sahne oder Joghurt oder einfach – wie früher – zu Vanillepudding.

Brombeerlikör

1,2 kg Brombeeren ¦ 300 g Zucker ¦ 1 Vanilleschote ¦ 1 l Wodka

Die Vanilleschote aufschlitzen und zusammen mit den anderen Zutaten in ein großes verschließbares Glas- oder Keramikgefäß geben, an einen dunklen Ort stellen. Möglichst täglich einmal schütteln. Nach vier Wochen durch ein Mulltuch filtern und in Flaschen abfüllen.

Himbeere – *Rubus idaeus*

Himbeeren gehören zu den Rosengewächsen und wachsen in Mitteleuropa auch wild. Bei unseren Vorfahren waren die süß-aromatischen Früchte von jeher beliebt. Bereits die alten Römer unternahmen Versuche, die Himbeere in Kultur zu nehmen. Unsere heutige Gartenhimbeere ist übrigens aus einer Kreuzung mit der Amerikanischen Himbeere entstanden.

Der größte Teil der hierzulande geernteten Himbeeren stammt aus Haus- und Kleingärten. Im Erwerbsanbau ist die Ernte aufwendig, was den Preis nach oben treibt. Außerdem lassen sich reife Himbeeren nur schwer transportieren.

Neben den Früchten kann man auch die Blätter des Himbeerstrauchs zur Zubereitung von Tee verwenden. Dieser gilt in der Volksmedizin als beruhigend, krampflösend und entschlackend und wird gerne Schwangeren in den letzten Wochen vor der Geburt verordnet.

Im Garten

Himbeeren benötigen ein eigenes Beet, in dem sie für einige Jahre stehen können. Sie neigen dazu, Ausläufer zu bilden – daher sollte man sie an einen Ort pflanzen, an dem es möglich ist, solch unerwünschte Austriebe abzustechen. Die Pflanzen bevorzugen tiefgründigen humosen Boden. Wenn ausreichend gewässert und gedüngt wird, kommen sie auch mit leichtem Boden zurecht. Staunässe vertragen sie nicht.

Gepflanzt wird während der Ruhezeit zwischen November und März mit einem Abstand von einem halben Meter zwischen den einzelnen Stöcken. Die Himbeeren bilden lange Ruten aus, für die ein Stützsystem geschaffen werden muss – bewährt hat es sich, zwischen zwei Pfosten einige Drähte zu ziehen, an denen die Triebe angeheftet werden. In den ersten Jahren nach dem Pflanzen treiben nur wenige Ruten aus. Mit den Jahren werden es aber mehr, sodass manche abgestochen oder herausgezogen werden müssen. Man belässt etwa acht Ruten je Wurzelstock.

Bei Sommerhimbeeren schneidet man nach der Ernte die Ruten, die getragen haben, bis zum Boden herunter. Bei Herbsthimbeeren werden im Winter alle Ruten bodennah abgeschnitten, was die Sache vereinfacht und auch der Ausbreitung von Krankheiten vorbeugt.

Himbeeren schätzen die Gabe von organischem Dünger wie Kompost und werden gerne mit Rasenschnitt gemulcht. Zwischen Blüte und Ernte muss auf eine gleichmäßige Wasserversorgung geachtet werden.

Sorten

Man unterscheidet zwischen den Sommerhimbeeren – die im Hochsommer üppig tragen – und den Herbsthimbeeren. Letztere fruchten erst im Spätsommer, können dann aber bis zum Einbruch des Frostes geerntet werden. Sie werden außerdem nicht vom Himbeerkäfer befallen, bekommen also keine Maden. Man kann Herbsthimbeeren auch so ziehen, dass im Herbst ein paar einjährige Ruten stehen bleiben, an denen sie dann auch schon im Frühsommer fruchten – allerdings fallen so die übrigen Vorteile der Herbsthimbeere weg.

- 'Schönemann' wird seit 1950 angebaut und ist beliebt wegen ihres hohen Ertrags und ihrer geringen Empfindlichkeit für Krankheiten. Sie gehört zu den spätreifenden Sommerhimbeeren, die Früchte sind groß und aromatisch.
- 'Tulameen' hat ähnliche Eigenschaften wie 'Schönemann', bildet aber größere Früchte und kann etwas früher beerntet werden.
- 'Bristol' ist eine schwarzfruchtige Sommerhimbeere, die hinsichtlich ihrer Wuchseigenschaften der Brombeere ähnelt – sie wächst sehr stark und bildet dabei aber keine Ausläufer, sondern vermehrt sich durch Absenker. Die Früchte sind kleiner und fester als die der roten Gartenhimbeeren.

Japanische Weinbeere

Die Japanische Weinbeere *(Rubus phoenicolasius)* ist eine aus Asien stammende Verwandte unserer Brom- und Himbeeren. In Deutschland ist sie noch nicht lange bekannt. Sie wächst als ein etwa zwei Meter hoher Strauch, bevorzugt humose und kalkhaltige Böden und benötigt einen warmen sonnigen Standort sowie eine Rankhilfe oder Stütze. Die Pflanzen sind robust, vertragen Frost und sind wenig anfällig für Krankheiten. Die Ernte erstreckt sich von Mitte Juli bis Anfang September. Eine Pflanze kann dabei über die Saison verteilt etwa drei Kilo Früchte hervorbringen. Diese sind leuchtend hellrot und schmecken aromatisch süßsäuerlich. Sie werden nicht vom Himbeerkäfer befallen.

- 'Aroma Queen' ist eine robuste Herbstsorte, die nicht unbedingt aufgebunden werden muss, da die Ruten sehr aufrecht wachsen. Die Früchte reifen ab Ende August und sind sehr aromatisch.
- 'Autumn Bliss' ist eine bewährte Herbstsorte, die bereits Anfang August erste Früchte trägt. Sie ist unkompliziert im Anbau und wenig krankheitsanfällig. Die Früchte werden mittelgroß und schmecken säuerlich-aromatisch.
- 'Goldmarie' ist eine herbsttragende Sorte, die schon im August beerntet werden kann. Die gelben Früchte schmecken süß-aromatisch.

Ernte und Lagern

Himbeeren schmecken am besten, wenn sie frisch vom Strauch genascht werden! Möchte man sie mit nach Hause nehmen, muss man bei der Ernte vorsichtig sein, denn die Früchte sind sehr weich und empfindlich. Richtig reif sind sie, wenn beim Pflücken der Zapfen an der Pflanze bleibt, man also die hohle Frucht abziehen kann. Am besten bettet man sie in einen mit Küchenkrepp ausgelegten Korb und zieht immer wieder eine neue Lage Krepp zwischen die geernteten Beeren.

Im Kühlschrank kann man Himbeeren bestenfalls für einen Tag aufbewahren. Das Einfrieren geht sehr gut, wenn man die Früchte zuerst einzeln auf ein Tablett legt und sie erst im gefrorenen Zustand in eine Tüte oder ein Gefäß gibt. Dann kann man die Beeren später auch einzeln entnehmen.

In der Küche

Sommerhimbeeren werden gerne vom Himbeerkäfer befallen. Ihre landläufig als Würmer oder Maden bezeichneten Larven entwickeln sich in den Früchten, daher müssen diese vor der Zubereitung in der Küche sorgfältig inspiziert werden. Waschen sollte man sie allerdings nur, wenn es absolut unvermeidbar ist, denn sie werden davon matschig und verlieren an Geschmack. Frische Himbeeren schmecken sehr gut als fruchtige Zutat einer Quark- oder Joghurttorte und harmonieren auch mit Mascarponecreme. Immer wieder lecker sind Himbeeren außerdem in Begleitung von dunkler Schokolade, zum Beispiel in Form von Eis oder Mousse und gewürzt mit Chili.

Das Aroma von Himbeeren kann durch Erhitzen und Zugabe von Zucker noch intensiviert werden, weshalb man gerne Vanilleeis mit heißen Himbeeren serviert – frische Früchte sollen dabei aber bitte nicht aufgekocht, sondern nur erhitzt werden. Aus dampfentsafteten Früchten kann man köstliches klares Gelee herstellen, indem man den Saft mit Gelierzucker (2:1) aufkocht. Das intensive Aroma macht sich auch gut in Himbeeressig. Himbeersirup kann für die Aromatisierung von Getränken oder als süßer Guss über Vanillepudding oder Eiscreme verwendet werden.

Himbeeressig

250 g Himbeeren ¦ 500 g Weißweinessig ¦ 3 TL Zucker

Die Zutaten vermengen und zwei Wochen bei Zimmertemperatur ziehen lassen. Anschließend den Himbeeressig erst durch ein Sieb, dann durch ein Mulltuch abseien und in saubere Fläschchen füllen. Im Kühlschrank ist der Himbeeressig einige Monate haltbar.

Tipp

Himbeeressig gilt als Hausmittel bei Halsentzündungen, man soll einfach regelmäßig damit gurgeln.

Oben: Himbeeren gibt es nicht nur in Rot, sondern auch in Gelb, Cremefarben und Schwarz-Violett.

Himmlisches Beerendessert

Zutaten **400 g Himbeeren und Brombeeren gemischt ¦ 2 TL Puderzucker ¦ 200 ml Sahne ¦ 100 g Baiser**

1 Die Himbeeren sowie die Brombeeren putzen und ein paar besonders schöne Exemplare für später als Dekoration zur Seite legen.

2 Den Puderzucker zur Sahne geben und die Sahne schlagen. Das Baiser in eine Tüte packen und darin grob zerdrücken.

3 Die Beeren, die Sahne und das Baiser abwechselnd in ein Glas schichten. Mit ein paar besonders schönen Früchten dekorieren. Sofort servieren!

Tipp

Dieses Dessert funktioniert auch mit anderen säuerlichen Früchten – zum Beispiel mit Sauerkirschen oder Johannisbeeren. An heißen Tagen schmeckt es auch gut, wenn es als Parfait für zwei bis drei Stunden eingefroren wird.

Heidelbeere –
Vaccinium myrtillus und *V. corymbosum*

Die Waldheidelbeere *(Vaccinium myrtillus)* wird häufig auch Blaubeere genannt und ist ein Zwergstrauch aus der Familie der Heidekrautgewächse. Natürlicherweise ist sie in Mitteleuropa und Asien verbreitet. In Nordamerika wächst die deutlich größere Amerikanische Heidelbeere *(Vaccinium corymbosum)* – auf sie gehen die Kulturheidelbeeren zurück, die heute im Garten und für den Marktbedarf angebaut werden.

Während die hiesige Heidelbeere nicht nur eine blaue Schale, sondern auch ein blaues, stark färbendes Fruchtfleisch aufweist, hat die Kulturheidelbeere – wie ihre amerikanische Ahnin – ein helles Fruchtfleisch. Damit ist der Anteil der gesundheitsfördernden Anthocyane in der europäischen Wildform deutlich höher. In die Gattung der Heidelbeere gehören außerdem die rote Beeren tragende Preiselbeere sowie die Moosbeeren.

Im Garten

Kulturheidelbeeren bilden je nach Sorte niedrige bis zu zwei Meter hohe Sträucher. Sie benötigen für das gesunde Wachstum unbedingt einen sauren Boden mit einem pH-Wert von weniger als fünf. Dies kann man erreichen, indem man den Boden mit Torf austauscht – dies ist aber eine nicht sehr umweltfreundliche Variante, da Torf ein nicht nachwachsender Rohstoff ist. Ebenfalls Erfolg versprechend ist es, den Boden unter den Heidelbeersträuchern regelmäßig mit Sägespänen, Rindenmulch und/oder Schreddergut von Nadelgehölzen zu mulchen.

Der Standort für Heidelbeeren sollte eher feucht sein. Da die Pflanzen normalerweise am Gehölzrand wachsen, vertragen sie Sonne sowie Halbschatten. Gegossen werden sollte nur mit Regenwasser, Leitungswasser ist meist zu kalkhaltig.

Es dauert einige Jahre, bis sich die Pflanzen richtig am Standort etabliert haben und den vollen Ertrag bringen. Schnittmaßnahmen sind alle paar Jahre erforderlich, um alte Triebe zu entfernen und auszulichten. Am besten macht man dies an frostfreien Tagen im Winter.

Heidelbeeren lassen sich leicht durch Absenker vermehren. Dazu wird ein Trieb auf den Boden gelegt und mit einem Stein beschwert. Wenn er Wurzeln gebildet hat, kann er von der Mutterpflanze getrennt werden. Heidelbeeren sind an sich selbstfruchtbar, aber der Ertrag erhöht sich, wenn verschiedene Sorten gepflanzt werden.

Sorten

- ▶ Heidelbeere *(V. corymbosum)* 'Bluecrop' bildet einen großen Strauch, sodass ein Pflanzabstand von 150 cm eingehalten werden muss. Die Sorte reift mittelfrüh, die Früchte sind sehr groß und recht platzfest.
- ▶ Heidelbeere *(V. corymbosum)* 'Reka' ist eine neuseeländische Züchtung, die auch mit normalem Gartenboden hierzulande zurechtkommt. Die Beeren werden mittelgroß und reifen nach und nach, sodass der Erntezeitraum erfreulich lang ist.
- ▶ Die Preiselbeere *(V. vitis-idaea)* gehört zur Gattung der Heidelbeere, bleibt vom Wuchs her aber viel niedriger und entwickelt sich zu einem etwa 30 cm hohen Bodendecker. Sie verträgt auch Halbschatten. Die Früchte schmecken roh sehr herb, eignen sich aber sehr gut zur Zubereitung von Konfitüren.
- ▶ Die Cranberry *(V. macrocarpon)* – zu Deutsch Moosbeere – zählt ebenfalls zur Gattung der Heidelbeere. Sie stammt aus den USA und wird dort in riesigen Plantagen gezüchtet. Die Beeren enthalten sehr viel Vitamin C und sind roh sehr sauer. Die Pflanzen bleiben noch niedriger als unsere Preiselbeeren und bilden bald einen dichten Bodenschutz. Die Cranberry ist als Saft beliebt, man findet sie aber auch zum Beispiel getrocknet in Müslis.

Ernten und lagern

Heidelbeeren und Preiselbeeren reifen über einen längeren Zeitraum, sodass sie ideale Naschfrüchte sind. Zur Ernte werden die einzelnen Früchte abgezupft. Wenn man dabei achtsam vorgeht und die Fruchthaut nicht verletzt, halten sie sich auch einige Tage im Kühlschrank. Sie lassen sich sehr gut einfrieren oder aber auch zu Konfitüren weiterverarbeiten.

In der Küche

Während Heidelbeeren roh – zum Beispiel in Joghurt, zu Quark oder einfach nur pur zum Naschen – sehr gut schmecken, mögen viele den säuerlich-herben Eigengeschmack von Preiselbeeren oder Cranberry erst, wenn er durch die Zugabe von Zucker gemildert wird. Letztgenannte Beeren eignen sich wegen ihres ausgeprägten Aromas sehr gut für die Zubereitung von gemischten Konfitüren oder Kompott – dieses sollte mit milderen Früchten kombiniert werden, beispielsweise mit Äpfeln oder Birnen. Preiselbeerkompott ist eine traditionelle Beilage zu Wild oder Gans.

Blitzschnelle Blaubeertörtchen

Zutaten 200 g Blaubeeren ¦ 1 Packung Tiefkühl-Blätterteig ¦ 1 Bio-Zitrone ¦ Zitronenbasilikum oder Zitronenmelisse ¦ 250 g Mascarpone ¦ 250 g Joghurt ¦ 100 g Zucker ¦ 1 Riegel weiße Schokolade

1 Die Blätterteig-Scheiben zum Auftauen einzeln auslegen. Wenn sie weich geworden sind, 12 Kreise mit jeweils etwa 10 cm Durchmesser ausstechen oder schneiden.

2 In die Vertiefungen einer Muffinform jeweils einen etwa 3 cm breiten Streifen Backpapier legen. Dann die Vertiefungen mit dem Blätterteig auskleiden (man kann später dank des Backpapiers die Törtchen besser herausbekommen). Einen weiteren Streifen Backpapier nun in die rohen Törtchen legen und mit Trockenerbsen o. Ä. zum Blindbacken auffüllen.

3 Die Blätterteigtörtchen 20 Minuten bei 180 °C (Umluft) backen. Die Törtchen auskühlen lassen und aus der Form nehmen. Auch die Erbsen lassen sich dank des Backpapiers leicht entfernen.

4 Die Zitrone auspressen, die Schale von einer Hälfte abreiben. Ein paar Blätter Basilikum fein hacken. Alles mit der Mascarpone, dem Joghurt und dem Zucker verrühren. Die Blaubeeren unterheben, ein paar zum Verzieren aufheben.

5 Die Törtchen mit der Blaubeercreme füllen, mit einer einzelnen Beere und einem Basilikumblättchen verzieren. Die Schokolade reiben und über die Törtchen streuen.

Tipp

Wenn es noch schneller gehen muss, können Sie einfach fertige Torteletts verwenden. Anstelle von Basilikum oder Zitronenmelisse ist auch Minze zu empfehlen. Übrigens: Die Törtchen schmecken ebenso herrlich mit Himbeeren!

Erdbeere – *Fragaria*-Arten

Walderdbeeren sind natürlicherweise in Mitteleuropa verbreitet und wurden schon immer geschätzt – allerdings stammen von ihr nicht unsere heutigen Gartenerdbeeren ab. Jahrhundertelang haben unsere Vorfahren versucht, Walderdbeeren auf größere Früchte hin zu selektieren, doch der Erfolg blieb aus. Erst das zufällige Zusammentreffen von zwei aus Nord- und Südamerika nach Europa mitgebrachten Erdbeersorten brachte eine neue Art hervor: *Fragaria ananassa*, unsere heutige Gartenerdbeere.

Wegen ihrer bis dato unerreichten Größe erhielt sie den Namenszusatz »ananassa«. In den Folgejahren brach eine wahre Erdbeereuphorie aus. Gärtnern und Züchtern war keine Mühe zu viel, um über einen möglichst langen Zeitraum im Jahr große wohlschmeckende Früchte zu produzieren. Auf der Zunge zergehen sollten die Erdbeerfrüchte mit ihrem hocharomatischen Geschmack, ein wahrer Genuss. So erhielt die Erdbeere um die Wende zum 20. Jahrhundert auch in den Hausgärten Einzug und wurde zum Lieblingsobst vieler Menschen.

Neuere Sorten wurden auf die Anforderungen der Lebensmittelindustrie hin gezüchtet: Möglichst ertragsstark, großfruchtig, gut transportfähig und gleichzeitig reifend sollten sie sein – oft auf Kosten des Aromas.

Im Garten

Erdbeeren gehören zu den Obstarten, die eine Menge Zuwendung erfordern. Sie stehen für etwa drei Jahre in einem Beet, dann sollten Sie ihren Platz wechseln, um Bodenermüdung und Krankheiten vorzubeugen. Die Ansprüche an den Boden sind nicht allzu hoch. Sie sollten aber an einem luftigen Platz stehen, der nach Regen schnell abtrocknen kann. Die Kultur in Kübeln und Balkonkästen ist möglich.

Gepflanzt wird am besten im Hochsommer mit einem Abstand von 50 cm zwischen den Reihen und 25 cm zwischen den Pflanzen. Die Jungpflanzen sollen bereits kräftige Wurzeln ausgebildet haben. Wer sparen möchte, kann Ableger von Altpflanzen nehmen. Um der Ausbreitung von Viruskrankheiten vorzubeugen, ist es aber gut, alle paar Jahre neues zertifiziertes Pflanzgut zu besorgen.

Die Jungpflanzen müssen gut feucht gehalten werden, bis sie fest angewurzelt sind. Manche Gärtner wählen einen etwas weiteren Abstand und stecken Knoblauch zwischen die Pflanzen, dies soll Pilzkrankheiten vorbeugen. Erdbeeren schätzen eine gute Kompostgabe im Spätsommer und im Frühling. In der Zeit zwischen Blüte und Ernte sollte man nicht düngen, da die Energie dann vor allem in die Ausbildung von Blattwerk gesetzt würde. Die meiste Arbeit im Erdbeerbeet macht das regelmäßige Unkrautjäten sowie das Entfernen von vertrockneten Blättern. Auch sollten Ausläufer gekappt werden, da sie unnötig Kraft von der Mutterpflanze abziehen.

Sorten

Man unterscheidet zwischen den einmaltragenden und mehrmalstragenden Sorten der Gartenerdbeere sowie der von der Walderdbeere abstammenden Monatserdbeere. Letztere hat deutlich kleinere Früchte und bildet keine Ausläufer, wird also über Samen vermehrt.

- 'Senga Sengana' ist eine sehr bewährte Sorte für den Hausgarten, die robust wächst und einen hohen Ertrag mit gutem Aroma hervorbringt. Sie reift eher spät und ist anfällig für Fruchtfäule.
- 'Mieze Schindler' gehört zu den wohlschmeckendsten Erdbeersorten überhaupt und wird deshalb trotz ihres eher geringen Ertrags und ihrer Empfindlichkeit für Fruchtfäule gerne im Hausgarten angebaut. Sie braucht eine Befruchtersorte, da sie nicht selbstfruchtbar ist. Die Reife ist mittel bis spät.
- 'Mieze Nova' ist eine ebenfalls hocharomatische Weiterzüchtung, die einen höheren Ertrag bringt als die Muttersorte und auch unempfindlicher ist. Sie reift etwas früher. Ein Nachteil ist, dass sie sehr viele Ausläufer bildet.
- 'Hummi-Praline' weist ein der Walderdbeere ähnliches Aroma auf, die Früchte sind tiefrot und vollkommen durchgefärbt, der Ertrag ist hoch.
- 'Weiße Ananas' – unter diesem Namen ist sowohl eine alte Sorte wie eine Neuzüchtung auf dem Markt. Nomen est omen, die Früchte bleiben weitgehend weiß mit einem leicht rosafarbenen Einschlag. Der Geschmack ist aromatisch, der Ertrag bleibt hinter den marktgängigen roten Sorten zurück. 'Weiße Ananas' werden von Vögeln verschont.
- 'Mara de Bois' gehört zu den mehrfachtragenden Sorten und besticht durch ein sehr intensives Aroma und feste Früchte. Sie ist recht robust, der Ertrag ist mittelhoch.
- 'Ostara' trägt mehrmals helle, etwas weiche Früchte mit gutem süß-säuerlichen Aroma. Der Ertrag ist sehr hoch.
- 'Baron Solemacher' ist eine weiße Monatserdbeere, die vom Frühjahr bis zum Herbst kleine, aber hocharomatische Früchte bringt.
- 'Rügen' ist die bekannteste Monatserdbeere. Sie trägt von Juni bis November kleine rote Früchte mit dem typischen Walderdbeeraroma. Mittlerweile ist eine Weiterentwicklung, die sogenannte 'Verbesserte Rügen', auf dem Markt, deren Früchte noch etwas größer sind.

Ernten und Lagern

Früh am Morgen geerntete Erdbeeren halten am besten frisch. Da die Früchte aber sowieso am Erntetag am besten schmecken, kann man sie auch am Nachmittag für den sofortigen Verzehr pflücken. Dazu knipst man sie mit Stiel von der Pflanze ab. Die kleine Blattkranzrosette an der Frucht sollte auf jeden Fall bis nach dem Waschen dran bleiben, damit die Früchte nicht im Waschwasser ausbluten.

Wenn Sie Erdbeeren aufbewahren wollen, sollten die Früchte am besten nebeneinander auf einem Teller liegen und mit einem feuchten Küchentuch bedeckt in den Kühlschrank gestellt werden. Aber auch auf diese Weise gelagert sollte man nicht länger als einen Tag mit dem Verzehr warten – sie sind frisch einfach am besten!

Man kann Erdbeeren auch einfrieren oder einwecken, allerdings verändern sie dabei ihre Konsistenz deutlich und werden weich. Für viele spätere Verwendungen ist es sinnvoll, die Früchte vor dem Einfrieren zu pürieren. Eine der zu recht beliebtesten Konservierungsmethoden ist das Kochen von Erdbeerkonfitüre, da hier das Aroma sehr gut erhalten bleibt.

In der Küche

Erdbeeren dürfen erst kurz vor dem Verzehr gewaschen werden, da sie sich danach nicht mehr gut halten. Am schonendsten ist es, sie in eine Schale mit kaltem Wasser zu geben und darin schwimmend vorsichtig zu bewegen, dann wird das Wasser abgegossen.

Noch vor einer Generation war es weithin üblich, geputzte und zerteilte Erdbeeren einige Zeit vor dem Servieren zu zuckern, damit sie süßen Saft ziehen. Zucker verstärkt das Aroma von Erdbeeren deutlich. Doch mittlerweile ist diese Methode nicht mehr so beliebt und gute Sorten schmecken auch ohne Zuckerzugabe süß-aromatisch. Vanilleeis, Vanillesoße und Schlagsahne sind Klassiker in der Kombination mit Erdbeeren. Die leckeren Früchte harmonieren auch sehr gut mit Rhabarber, Pfirsich und Aprikose.

Schnell gemacht, aber raffiniert und lecker sind in geschmolzene Bitterschokolade getunkte Erdbeeren, dafür sollte möglichst viel vom Stiel an der Frucht bleiben. Nehmen Sie echte Schokolade und keine Kuvertüre!

Obgleich man vor allem süße Rezepte mit Erdbeeren kennt, verzaubern sie auch in verschiedenen herzhaften Rezepten – zum Beispiel zusammen mit zartem Serranoschinken oder mildem Frischkäse. Zunächst ungewohnt, dann aber betörend ist die Kombination mit frisch gemahlenem schwarzen Pfeffer und einem lange gereiften Balsamico-Essig.

Erdbeer-Rhabarber-Sorbet

300 g Erdbeeren ¦ 300 g Rhabarber ¦ 125 g Zucker ¦ 100 ml Sekt (alternativ Apfelsaft)

Den Rhabarber putzen und in kleine Stücke schneiden. Die Stücke in einen Topf geben und mit dem Zucker bestreuen.

Sobald er ein wenig Flüssigkeit gezogen hat, Rhabarber zum Kochen bringen und so lange bei niedriger Temperatur garen, bis er zerfallen ist. Abkühlen lassen.

In der Zwischenzeit die Erdbeeren putzen und vierteln, dann den Rhabarber unterheben. Alles mit dem Sekt übergießen und mit dem Stabmixer pürieren.

Die Fruchtmischung in der Eismaschine gefrieren lassen – oder aber in einer Rührschüssel in den Tiefkühler geben und während der folgenden drei Stunden etwa halbstündlich einmal durchrühren.

Erdbeersalat mit Minze und Rauke

Zutaten **500 g Erdbeeren ¦ 2 Handvoll Blattsalat (z. B. Eichblatt) ¦ 1 Bund Rauke (Rucola) ¦ 200 g Ziegenfrischkäse ¦ 6 EL Raps- oder Traubenkernöl ¦ 2 EL Zitronensaft ¦ 2 TL Zucker ¦ Salz ¦ 4 Zweige frische Minze ¦ Balsamico-Creme**

1 Den Salat und die Rauke putzen, waschen und auf vier Tellern anrichten. Die Erdbeeren abspülen, putzen und vierteln, den Ziegenkäse in Scheiben schneiden und beides gleichmäßig auf den Salatblättern verteilen.

2 Aus dem Öl, dem Zitronensaft, dem Zucker und etwas Salz eine Vinaigrette rühren und über den Salat geben. Die Blättchen von der Minze zupfen und über den Salat streuen.

3 Mit Balsamico-Creme ein paar Streifen über das Gericht ziehen und sofort servieren.

Tipp

Dieser Salat schmeckt auch mit halbierten Trauben anstelle von Erdbeeren sehr gut.

Obst

Quer durch den Garten bis an den Feldrand

Rhabarber – *Rheum rhabarberum*

Der Rhabarber ist eine mehrjährige Staude aus der Familie der Knöterichgewächse. Seine Heimat liegt in Mittelasien. In China wird eine Unterart – der Medizinalrhabarber Rheum palmatum – seit Jahrtausenden zu Heilzwecken verwendet. Der Gemeine Rhabarber ist über Russland nach Mitteleuropa gelangt. Dort konnte er sich zunächst in England einbürgern.

In Deutschland wird Rhabarber erst seit der Mitte des 19. Jahrhunderts kultiviert. Nachdem er hierzulande bekannt geworden war, erfreute er sich als ein früher Vitaminspender großer Beliebtheit. In vielen Hausgärten hat er einen dauerhaften Platz am Rande des Gemüsebeetes gefunden.

Nicht ganz einig sind sich die Geister darüber, ob er nun dem Obst oder dem Gemüse zuzurechnen sei. Da nicht die Frucht, sondern die Blattstiele verzehrt werden, müsste man ihn zum Gemüse rechnen. Andererseits wird er in der Regel wie Obst zu einer Süßspeise oder Kuchen weiterverarbeitet.

Im Garten

Der Rhabarber ist ein unkompliziertes Gewächs, das nur wenig Zuwendung benötigt und auch im kühlen Klima einen guten Ertrag bringt. Gepflanzt wird am besten im Spätsommer oder Herbst an einen eher feuchten und halbschattigen Platz. Rhabarber kann auch unter hohen Obstbäumen stehen, wenn er regelmäßig gewässert wird. Pralle Sonne und Trockenheit mag er nicht.

Vor dem Pflanzen muss der Boden gut gelockert und Kompost oder andere Düngung eingearbeitet werden. Man pflanzt Teilstücke einer älteren Staude, die mindestens eine Knospe haben sollten. Wenn Sie niemanden finden, der Ihnen ein Stück abgibt, erhalten Sie Rhabarberpflanzen im Gartenhandel. Halten Sie die Pflanzstelle von ungewolltem Bewuchs frei, bis der Rhabarber im kommenden Jahr selbst dafür sorgt und Konkurrenten verdrängt.

Im Winter zieht sich der Rhabarber vollkommen in die Erde ein, im zeitigen Frühjahr beginnt der Neuaustrieb. Im ersten Jahr nach der Pflanzung beschränkt sich die Pflege in der Regel darauf, Unkraut fernzuhalten und zu wässern. Ernten sollten sie noch nicht.

Rhabarber benötigt nach der Ernte immer eine kräftige Gabe organischen Dünger und kann etwa zehn Jahre am Platz bleiben.

Sorten

- 'Holsteiner Blut' ist eine mittelfrühe, gut winterharte Sorte mit rotgrünen Stengeln. Gesund und ertragreich.
- 'The Sutton' reift früher als der Holsteiner und ist sehr ertragreich. Die Stengel sind außen rötlich und innen eher grün.
- 'Frambozen Rood', auch Himbeerrhabarber genannt, hat etwas dünnere rötliche Stiele und duftet nach Beerenobst.

Oben: Junger Rhabarber ist einer der ersten frischen Genüsse aus dem Garten in der neuen Saison.

Ernten und Lagern

Die Rhabarberernte lässt sich verfrühen, indem Sie die Pflanzen unter einem Eimer oder einem Kübel antreiben. Natürlicherweise beginnt die Ernte im April und geht bis Johanni, also bis zur letzten Juniwoche. Danach wird der Oxalsäuregehalt in den Stielen zu hoch und die Pflanze braucht eine Regenerationsphase.

Geerntet wird der Rhabarber möglichst nach Bedarf, indem man die Stiele unten aus der Pflanze herausdreht. Im Kühlschrank halten sie sich einige Tage. Besonders frisch bleiben die Stangen, wenn man sie in ein feuchtes Handtuch wickelt. Küchenfertig gesäubert und geschnitten kann man Rhabarber auch gut einfrieren. Zu Konfitüre verarbeitet und auch als Saft hält er sich zwei Jahre. Rhabarberkompott kann ebenfalls im Glas eingekocht werden, allerdings zerfallen die Stücke durch das lange Erhitzen.

In der Küche

Rhabarber sollte nicht in Aluminiumgefäßen gekocht werden, da die Säure das Material angreift und schädliche Stoffe herauslösen kann! Entgegen einer verbreiteten Vorstellung muss Rhabarber vor der Zubereitung nicht geschält werden. Um lange Fasern zu vermeiden, reicht es aus, kleine Stücke von den Stangen zu schneiden. Traditionell wird aus Rhabarber mit etwas Wasser und einer Portion Zucker das erste frische Kompott im Jahr gekocht. Ein wenig abgeriebene Zitrone hebt den Geschmack. Der Klassiker dazu ist Vanillesoße – auch Vanilleeis schmeckt sehr lecker. Rhabarber lässt sich auch gut auf Blechkuchen legen, ein paar Streusel darüber gleichen den sauren Geschmack aus.

Ein spritziges Getränk lässt sich herstellen, indem man fein geschnittenen Rhabarber mit Zucker überstreut – wer mag, gibt noch etwas Ingwer dazu. Der Zucker zieht den Saft aus dem Rhabarber. Dieser wird nach ein paar Stunden durch ein Sieb geseiht. Mit Mineralwasser aufgegossen ergibt das ein leckeres Erfrischungsgetränk.

Rhabarber-Ketchup

600 g Rhabarber ¦ 2 Zwiebeln ¦ 200 ml Weinessig ¦ 5 Wacholderbeeren ¦ 5 Nelken ¦ ca. 20 Koriandersamen ¦ 1 TL Dillsamen ¦ 200 g Zucker ¦ 4 TL Salz ¦ Chili nach Belieben ¦ 200 g Tomatenmark

Den Rhabarber in Scheiben schneiden, die Zwiebeln würfeln und mit dem Essig zusammen aufsetzen. Die Gewürze in ein Tee-Ei oder einen Teefilter füllen und 10 Minuten bei geschlossenem Deckel mitkochen lassen. Den Zucker hinzufügen und alles 20 Minuten ohne Deckel leise köcheln lassen, ab und zu umrühren.

Das Tomatenmark unterrühren und einmal aufkochen. Mit dem Stabmixer fein pürieren und in kleine Schraubgläser abfüllen. Diese vor dem Einlagern ein paar Minuten auf dem Kopf stehen lassen.

Der fertige Ketchup ist im geschlossenen Glas mehrere Wochen haltbar, nach dem Öffnen im Kühlschrank lagern.

Rhabarbertorte mit Rahmguss

500 g Rhabarber ¦ 150 g Mehl ¦ ½ TL Backpulver ¦ 200 g Zucker ¦ 80 g Butter ¦ 3 Eier ¦ 1 Prise Salz ¦ ¼ l Milch ¦ 1 Päck. Puddingpulver Vanille ¦ 1 Becher Crème fraîche

Das Mehl mit dem Backpulver und 80 g Zucker vermengen. Mit der Butter (etwas aufbewahren fürs Einfetten der Backform), einem Ei und Salz verkneten, ½ Stunde kalt stellen.

Den Rhabarber waschen, gegebenenfalls putzen und in feine Scheiben schneiden.

Eine Springform mit der restlichen Butter ausstreichen. Den Teig auf dem Boden der Form ausrollen und an den Wänden gleichmäßig hochziehen. Den klein geschnittenen Rhabarber locker auf den Teig geben.

Die restlichen zwei Eier in Eiweiß und Eigelb trennen. Das Eiweiß steif schlagen und zur Seite stellen. Ein wenig von der Milch abnehmen und das Puddingpulver damit glatt rühren. Die übrige Milch zum Kochen bringen, den restlichen Zucker dazugeben und das aufgelöste Puddingpulver unterrühren. Wenn die Masse zu einer festen Creme geworden ist, vom Herd nehmen und die Crème fraîche sowie die Eier nacheinander einrühren. Am Schluss den Eischnee unterheben und alles als Decke über den Rhabarber gießen.

Die Backform mit Alufolie abdecken. Im vorgeheizten Backofen bei 180 °C 40 Minuten backen, die Alufolie abnehmen und weitere 10 Minuten backen. Ist der Guss noch nicht fest geworden, die Backzeit noch etwas verlängern. Vor dem Anschneiden auskühlen lassen.

Rechts: Der säuerlich-fruchtige Geschmack von Rhabarber passt ideal zu Kuchen und Torten.

Schwarzer Holunder – *Sambucus nigra*

Ein Hollerbusch gehörte in einen klassischen Bauerngarten genauso wie Johannisbeeren. Der Holunder hat eine große Bedeutung in der Volksmedizin. Aus den getrockneten Blüten wird ein Tee hergestellt, der wärmend und reinigend wirken soll. Die Beeren sind roh giftig, der gekochte Holunderbeerensaft aber hilft bei Erkältungskrankheiten und Grippe.

Holunder, in Norddeutschland auch Fliederbeere genannt, wächst in Europa, Westasien und Nordafrika wild. Er bildet einen bis zu zehn Meter hohen Strauch aus. Bereits vor langer Zeit ist er in Kultur genommen worden, wobei er häufig eher beiläufig angebaut wird, da er recht robust und unkompliziert ist.

Im Garten

Holunder liebt mittelschwere und nährstoffreiche Böden. Er gilt als Stickstoffanzeiger, das heißt dort, wo er wild wächst, ist ein höherer Stickstoffanteil im Boden anzunehmen. Im Garten muss gegebenenfalls mit Stickstoff gedüngt werden, um einen ordentlichen Ertrag zu erzielen. Dazu eignet sich zum Beispiel Brennnesseljauche oder Sie mulchen den Fuß mit Rasenschnitt.

Der Holunder reagiert dankbar auf einen sonnigen Platz, kommt als Waldrandpflanze aber auch mit Halbschatten zurecht. An einem guten Gartenstandort können die Sträucher üppig werden, sodass man einen Pflanzabstand von vier bis fünf Metern einplanen kann. Ist der Holunder Teil einer Fruchthecke, arrangiert er sich aber auch mit weniger Raum. Er ist kaum krankheitsanfällig. Mit dem Schnitt bestimmen Sie, ob er eher hochwachsend oder buschig werden soll. Wenn Sie einen regelmäßig hohen Ertrag haben möchten, sollten abgetragene Fruchtruten nach der Ernte entfernt werden. Man kann ihn aber auch einfach sich selbst überlassen und sich mit einer geringeren Ernte zufrieden geben. Der Holunder ist nicht nur für die menschliche Ernährung nützlich, sondern gibt auch eine gute Bienenweide.

Sorten

Neben dem klassischen Schwarzen Holunder gibt es noch den roten Traubenholunder *Sambucus racemosa*, der wesentlich kleiner bleibt und leuchtend rote Beeren trägt. Vom Schwarzen Holunder gibt es einige wenige Sorten:

- 'Haschberg', eine Sorte aus Österreich, ist weit verbreitet und robust. Sie wächst aufrecht baumartig und bringt große Fruchtdolden mit mittelgroßen Früchten hervor, die ab Ende August bis Mitte September reif werden. Einziger Nachteil: Die Beeren lassen sich schlecht vom Stiel lösen.
- Die dänische Auslese 'Sampo' bleibt etwas kleiner und bildet mittelgroße Dolden mit sehr großen Früchten aus, die sich leichter von den Dolden lösen lassen.
- 'Donau' ist eine aufrecht wachsende Sorte mit mittelgroßen Früchten, die fast alle gleichzeitig Anfang September reifen, sodass man den Busch auf einmal beernten kann.

Oben: So verlockend sie auch aussehen – rohe Holunderbeeren sind für Menschen unverträglich!

Ernten und Lagern

Holunderblüten werden Mitte bis Ende Juni am besten morgens geschnitten, die einzelnen Knospen sollten gut geöffnet sein – dann ist der Wirkstoff- und Aromagehalt am größten. Bei der Ernte schneidet man ganze Blütendolden ab und legt sie locker in einen Korb. Plastiktüten sind für den Transport ungeeignet.

Die Fliederbeeren selbst sind Ende August/Anfang September reif. Bei manchen Sorten reifen die Beeren gleichzeitig, meist aber muss man mehrmals ernten. Die Beeren müssen weich sein und aufplatzen, wenn sie leicht gedrückt werden. Sie sind also nach der Ernte sehr empfindlich. Am besten werden die ganzen Dolden geschnitten und locker in Körbe oder Stiegen gelegt.

Holunderbeerensaft

Holunderbeeren mithilfe einer Gabel von den Rispen streifen. Grüne Beeren und Pflanzenteile sorgfältig entfernen, denn diese enthalten das giftige (in kleinen Mengen unverträgliche) Sambunigrin. Die Beeren entweder mit dem Dampfentsafter entsaften oder aber in ein wenig Wasser aufkochen und durch ein Sieb oder Tuch abtropfen lassen. Der Saft kann nun mit etwas Zitronensaft und Zucker abgeschmeckt werden und mit Grießklößchen darin als erfrischendes Gericht an heißen Tagen serviert werden.

Oder aber kochend heiß in sterilisierte Schraubgläser füllen und für ein paar Minuten auf den Kopf stellen. Kühl und dunkel gelagert, ist der Saft ein Jahr haltbar. Im Winter auf Trinktemperatur erwärmen und mit etwas Wasser verdünnt und nach Geschmack gesüßt getrunken, hilft der Saft zur Vorbeugung oder Überwindung von Erkältungskrankheiten.

Die Blüten können durch Trocknen konserviert werden und sind dann ein Jahr oder länger haltbar. Dazu schüttelt man eventuell anhaftende Kleintiere aus und hängt die Blütendolden an einem warmen Ort mit etwas Luftzug locker über eine Schnur oder aber trocknet sie ca. 2 Stunden bei 50 °C im Backofen mit leicht geöffneter Tür.

Die Beeren lassen sich ebenfalls trocknen und ergeben dann einen dunkelrotblau färbenden Teezusatz. Die Trocknungszeiten sind aber deutlich länger. Ansonsten kann man sie einfrieren oder einkochen.

In der Küche

Grüne Teile vom Holunder enthalten das giftige Sambunigrin und sollten deshalb so weit wie möglich vor der Zubereitung entfernt werden, das betrifft die Stiele ebenso wie grün gebliebene Beeren.

Holunderblüten haben ein ausgeprägtes und sehr eigenes Aroma. Aus ihnen kann Sirup hergestellt werden, mit dem man Mineralwasser aromatisiert. Man kann aber auch direkt ein paar Blütendolden in Mineralwasser oder klare Zitronenlimonade hängen und ein paar Stunden durchziehen lassen.

Holunderbeeren sollte man mit einer Gabel von den Dolden streifen, bevor sie weiter zubereitet werden. Ideal ist die Verarbeitung mit dem Dampfentsafter, weil so auch gleich die Kerne übrig bleiben, die ebenso wie die anderen grünen Pflanzenteile unverträglich sind. Wer keinen Dampfentsafter hat, kann die Beeren auch mit ein wenig Wasser aufkochen und weich dünsten, dann durch ein Sieb streichen oder durch die Flotte Lotte geben – je nachdem, wie fein der Saft werden soll. Für weitere Zubereitungen zu Gelee, Fruchtsuppe oder Saftgetränke empfiehlt sich die Zugabe von etwas Zitronensaft, da der Holunder selbst wenig Säure enthält. Gelee und Konfitüre kann mit Gelierzucker 2:1 gekocht werden – gerne wird Holunder mit Apfel oder Birne gemischt.

Holunderblüten-Gelee

12 voll aufgeblühte Blütendolden ¦ 1 l Apfelsaft naturtrüb ¦ 500 g Gelierzucker 2:1

Die Blütendolden ausschütteln (wegen möglicherweise darin sitzender Insekten). Die Stiele wegschneiden und die Dolden mit dem Apfelsaft übergießen. Den Sud 12 Stunden bei Zimmertemperatur stehen lassen, dann abseihen und mit dem Gelierzucker 3 Minuten sprudelnd aufkochen. Das Gelee in sterilisierte Gläser füllen und für ein paar Minuten auf den Kopf stellen.

Rechts: Holunderblütengelee ist ein fruchtiger Brotaufstrich mit einem feinen honigartigen Aroma.

Kernobst für Beet und Hecke – *Pyrinae*

Apfel, Birne und vielleicht auch noch Quitte – das sind die bekannten Kernobstarten, die früher in fast jedem Hausgarten standen. Daneben gibt es noch eine ganze Reihe weiterer Kernobstgewächse, die eher wild wachsen und deren Früchte in der Regel nicht für den Frischverzehr geeignet sind. Oft finden sich aber gerade in den kleinen Früchten des weniger domestizierten Obstes wertvolle Inhaltsstoffe in hoher Konzentration sowie ein geballtes intensives Aroma.

Je nachdem, wie viel Platz zur Verfügung steht, kommen für den Garten größere oder kleinere Bäume, heckenbildende Sträucher oder eben kleinbleibende Büsche infrage. Im Frühjahr erfreuen sie alle durch ihre intensive Blüte und dienen als Bienenweide. Im Spätsommer und Herbst kann geerntet werden – vor allem die Vogelwelt schätzt das große Nahrungsangebot. Gerade Obsthecken dienen zudem auch als Schutzgehölz und bieten gute Nistplätze.

Mispel – *Mespilus germanica*

Ursprünglich stammt die Mispel aus dem Kaukasus und wurde bereits vor Christus im Mittelmeerraum kultiviert. Nach Mitteleuropa wurde sie vermutlich von den Römern gebracht und hatte lange Zeit eine recht große Bedeutung im heimischen Obstbau. Sie wächst zu einem großen Strauch beziehungsweise bis zu sechs Meter hohen Baum heran und kann allein stehen oder in eine Fruchthecke integriert werden. Sie bevorzugt einen vollsonnigen Standort und ist wärmeliebend, gedeiht aber auch in kälteren, windgeschützten Lagen. Sie blüht sehr spät im Mai oder Juni und auch die Früchte können erst im November oder Dezember geerntet werden. Erster Frost führt dazu, dass die vormals steinharten Früchte weich und genießbar werden. Sie schmecken dann säuerlich-aromatisch. Wenn man bereits vor Frosteinwirkung erntet, werden die Früchte nach längerer Lagerung weich. Aus ihnen kann Konfitüre oder Kompott hergestellt werden, sie eignen sich auch sehr gut zum Destillieren.

Gemeine Felsenbirne – *Amelanchier ovalis*

Die Felsenbirne ist in Europa und Kleinasien beheimatet, auch in Nordafrika kann man sie finden. Sie ist robust und kommt mit extremen Standorten zurecht. Sie wächst zu einem zwei bis drei Meter großen Strauch heran, der im Frühjahr üppig blüht und im Herbst mit seiner attraktiven Blattfärbung einen tollen Blickfang abgibt. Im Herbst trägt die Felsenbirne kleine schwarze Früchte, die süß und ein wenig nach Marzipan schmecken. Aus ihnen kann man köstliche Konfitüre kochen.

Oben: Zierquitten enthalten reichlich Vitamin C, haben eine leuchtende Farbe und ein intensives Aroma.

Zierquitte – *Chaenomeles japonica*

Erst seit gut 100 Jahren wird die aus Ostchina und Japan stammende Zierquitte in Europa kultiviert. Wegen ihrer attraktiven Blüte war sie eine ganze Zeit in vielen Parks und öffentlichen Grünanlagen zu finden. Sie wächst zu einem kleinen Strauch beziehungsweise Busch, der selten höher als ein Meter wird, schätzt mittelschwere nährstoffreiche Böden und verträgt auch harte Winter. Die Früchte reifen ab September heran und sollten bis zum Frosteintritt geerntet werden. Für den Rohverzehr sind sie zu hart und zu sauer. Wohl aber eignen sie sich hervorragend als Beigabe in Konfitüren und Gelees. Aus Lettland stammt die Sorte 'Cido', die sich durch einen besonders hohen Vitamin-C-Gehalt auszeichnet. Sie wird darum auch als »Nordische Zitrone« bezeichnet. Sie trägt reich und zuverlässig.

Kupferfelsenbirne – *Amelanchier lamarckii*

Deutlich größer als die heimische Art wird die aus Nordamerika eingebürgerte Kupferfelsenbirne. Obwohl sie bis zu acht Meter groß werden kann, fügt sie sich auch noch gut in eine Fruchthecke ein. Optisch bietet sie immer wieder etwas Neues: Die jungen Blätter im Frühjahr sind zunächst rotbraun, bevor sie grün werden. Die Blüten erscheinen bald darauf in üppigen Trauben und werden sehr gerne von Insekten besucht. Es entwickeln sich zunächst leuchtend rote Früchte, die im Verlauf des Spätsommers immer dunkler werden und schließlich blauschwarz sind. Sie sind süß und saftig und eignen sich zum Sofortverzehr ebenso wie für die Herstellung von Konfitüre, Gelee oder Saft.

Eingriffeliger Weißdorn – *Crataegus monogyna*

Der in Europa und Westasien beheimatete Weißdorn wächst zu einem Großstrauch oder einem bis zu zehn Meter hohen Baum heran und bildet wegen seiner Dornen und der nahrhaften Früchte ein sehr wertvolles Vogelschutz- und Nährgehölz. Er ist ausgesprochen anspruchslos. Da er jedoch anfällig für Feuerbrand ist, sollte er in betroffenen Gebieten nicht gepflanzt werden. Die Blüte ist eine attraktive Bienenweide, und die im September heranreifenden kleinen dunkelroten Früchte sind bei Vögeln sehr beliebt. Roh sind sie zwar auch für den Menschen essbar, schmecken aber mehlig-fad. Besser eignen sie sich zur Herstellung von Vielfruchtkonfitüren. Da sie reich an Pektin sind, gelieren sie gut.

Wildapfel und Zierapfel – *Malus*

Europa gilt als ursprüngliches Verbreitungsgebiet eines auch Holzapfel genannten wilden Apfels, von dem man annahm, dass er der Vorfahre unserer Kultursorten wäre. Neueren Forschungen zufolge jedoch geht der Kulturapfel auf den Asiatischen Wildapfel zurück. In der Praxis ist dies wenig relevant, da es mittlerweile etliche wilde beziehungsweise verwilderte Apfelsorten gibt, die in Mitteleuropa wachsen. Daneben gibt es verschiedene Zierapfelsorten, die sich vom Erscheinungsbild nicht unterscheiden.

Alle wachsen bei entsprechenden Schnittmaßnahmen zu kleinkronigen Bäumen heran oder entwickeln sich zu größeren Sträuchern. Mit ihrer üppigen Blüte und dem reichen attraktiven Behang an kleinen, leuchtend gelben, orangen oder roten Früchten bilden sie einen Blickfang im Garten. Die Früchte sind essbar, bleiben aber geschmacklich hinter Kulturäpfeln zurück. Sehr gut geeignet sind sie jedoch für die Herstellung von Obstbränden.

Oben: Die Eberesche wird im Volksmund häufig Vogelbeere genannt, die Früchte sind aber auch für den Menschen essbar.

Apfelbeere – *Aronia melanocarpa*

Aus Nordamerika stammt die zu einem mittelgroßen Strauch heranwachsende Apfelbeere, die dort vor allem von der indianischen Urbevölkerung sehr geschätzt wurde. In Europa ist sie seit etwa 100 Jahren bekannt, und mittlerweile gibt es einige Züchtungen. Obwohl sie selbstfruchtbar ist, wird der Ertrag deutlich höher, wenn man mehrere Sorten zusammen pflanzt. Apfelbeeren sind anspruchslos und frosthart. Sie eignen sich auch für niedrige Obsthecken. Im Herbst färbt sich das Laub sehr attraktiv dunkelrot. Die fast schwarzen Früchte werden etwa einen Zentimeter groß und hängen an Büscheln. Sie sind stark adstringierend, verursachen also ein etwas pelziges Gefühl im Mund und eignen sich deshalb

Oben: Die Apfelbeere schmeckt sehr herb und ist roh kein Genuss. Sie bereichert jedoch Mischkonfitüren.

weniger für den Frischverzehr. Man kann mit ihnen jedoch Säfte und Konfitüren wunderbar dunkelrot färben und aromatisieren. Ihre Inhaltsstoffe gelten als wertvoll, man sagt ihnen wegen des hohen Gehaltes an Anthocyanen krebsvorbeugende Eigenschaften nach.

Holzbirne – *Pyrus pyraster*

Die wilde Stammform unserer Birne ist in Europa bis hin zum Kaukasus beheimatet und wächst zu einem größeren Strauch bis mittelgroßen Baum heran und ist bedornt. Sie ist robust und verträgt nur Staunässe nicht gut. Die Blüte ist attraktiv, später reifen bis zu drei Zentimeter große wenig ansprechende grün-graue Früchte heran, die bei Kleintieren beliebt sind, es jedoch geschmacklich mit Kulturbirnen nicht aufnehmen können. Für die Destillation sind sie jedoch sehr gut geeignet.

Eberesche – *Sorbus aucuparia*

Die Eberesche ist auch unter der Bezeichung »Vogelbeere« bekannt und ist in ganz Europa verbreitet. Sie wird bis zu 15 Meter hoch und ist als attraktiver Solitärbaum geeignet, der im Frühjahr durch die Blüte, im Spätsommer durch die hübschen, an großen Dolden hängenden Früchte und im Herbst durch seine prächtige Färbung beeindruckt.

Die Früchte sind reich an Vitamin C. Sie enthalten zudem adstringierende Inhaltsstoffe, die ein pelziges Gefühl im Mund

Was sonst noch in die Hecke passt

Für eine Obsthecke in einem großen Garten eignen sich außer der aufgeführten Auswahl an Kernobstgehölzen auch sehr gut diverse Kirschpflaumensorten (Seite 78). Eine beliebte Ergänzung ist auch die im zeitigen Frühjahr blühende Kornelkirsche *(Cornus mas)*, die zu einem etwa 5-8 Meter hohen Baum heranwächst. Sie trägt im Herbst rote längliche Steinfrüchte, die einen hohen Vitamin-C-Gehalt aufweisen und sehr säuerlich-herb schmecken. Aus ihnen lässt sich Gelee oder Konfitüre bereiten.

Für Gärten mit sehr viel Platz und sandigen Böden ist auch Sanddorn *(Hippophae rhamnoides)* geeignet – das vitaminreichste Obst überhaupt. Sanddornsträucher werden bis zu vier Meter groß. Bei der Auswahl der Sorte sollte man darauf achten, dass sie nicht allzu stark dazu neigt, Ausläufer zu bilden. Die vitaminreichen Früchte sind ab Ende August reif.

Weniger Platz benötigt die immergrüne Mahonie *(Mahonia aquifolium)*, die sich auch in kleine Gärten gut fügt. Eine Zeitlang war sie wegen ihrer gelben Blüten und der attraktiven Früchte (Bild Seite 122/123) als Parkbepflanzung gern gesehen. Die herben Früchte reifen im August und sind bei Vögeln sehr beliebt, aber auch für den menschlichen Verzehr geeignet. Es lassen sich zum Beispiel Konfitüren oder Fruchtwein daraus bereiten. Da sie Alkaloide enthalten, sollte man nicht zu viel auf einmal davon essen.

Ebenfalls recht kleinbleibend ist die Kamtschatka-Heckenkirsche *(Lonicera kamtschatica)*, auch unter dem Namen Maibeere bekannt. Die walzenförmigen blauen Früchte können schon ab Ende Mai geerntet werden und geben so das erste Obst im Jahr. Die Sträucher werden maximal zwei Meter hoch. Der Ertrag ist besser, wenn mindestens zwei Pflanzen gesetzt werden.

zur Folge haben, weshalb sie roh nicht genießbar sind. Es gibt jedoch eine Kulturform, die Edel-Eberesche, auf die das nicht zutrifft und die zudem noch süßer schmeckt. Für die Verarbeitung zu Konfitüren, Kompott, Likör oder Obstbränden sind beide Sorten geeignet.

Speierling – *Sorbus domestica*

Der ihn Südeuropa und Kleinasien beheimatete Speierling ist der Eberesche von der Wuchsart her recht ähnlich. Er bildet drei bis fünf Zentimeter große herb-saure Früchte, die grünlich-braun und bei Vollreife rötlich-gelb werden können. Sie sind wegen des hohen Phenolgehaltes roh nicht genießbar, geben aber einer Mischkonfitüre oder einem Saft eine besondere Geschmacksnote. Begehrt sind die Früchte für die Herstellung von Obstbrand. Die Kultur des Speierlings ist in Europa stark zurückgegangen, sodass sein Bestand als gefährdet gilt. Nachdem er 1993 zum »Baum des Jahres« wurde, hat er aber wieder Freunde gefunden, und es gibt mehrere neue Anpflanzungen.

Japanische Wollmispel – *Eriobotrya japonica*

Eine exotische und erst seit wenigen Jahren hier bekannte Kernobstart ist die Japanische Wollmispel. Die Bäume vertragen an einem geschützten Ort ausgepflanzt ähnlich wie Feigen bis zu –15 °C. Die orangefarbenen Früchte mit den großen Kernen schmecken erfrischend süß-säuerlich und sind unter dem Namen Loquat bisweilen im Handel erhältlich. Die Bäume können aus Kernen gezogen werden.

Reportage

Ein Kindheitstraum – der wilde Garten von Heinz Egleder

35 000 Quadratmeter sind viel Platz. Vorn zur Straße ein wilder Garten, in dem bereits vor über hundert Jahren Obstbäume von einem der Vorbesitzer gepflanzt wurden – alte regionale Sorten, die andernorts schon längst verschwunden sind. »Das muss auch ein Liebhaber gewesen sein«, mutmaßt Journalist Heinz Egleder, »man kann es erkennen an der Art und Weise, wie er die Bäume veredelt hat.« Nach hinten weg zieht sich eine unendlich scheinende Wiese, auf der erst in den letzten Jahren eine Streuobstwiese mit Hochstämmen entstanden ist.

Dort stehen Apfel- und Birn- und Kirschbäume in etlichen, meist regionalen Sorten. Sie zu erhalten, ist dem Journalisten ein wichtiges Anliegen. Daneben gibt es zahlreiche Pflaumenbäume, die meisten sind sogenannte »Primitivpflaumen« – teilweise von Egleder selbst aus Wurzelschösslingen gezogen, die er andernorts in der Umgebung ausgegraben hat. Sie tragen bunte Früchte in Gelb, Rot, Orange und Grün und schmecken mal süß-aromatisch und mal eher säuerlich-herb. Verschiedene Nussbäume, Maronen, Maulbeerbäume, Mispeln, Pfirsiche, Quitten – das Spektrum ist beachtlich. Noch sind die neu gepflanzten Hochstämme jung. »In 20 Jahren werden sie den Vollertrag erreicht haben«, erklärt der Obstliebhaber, der nun auch noch mit dem Aufbau einer Schafherde beginnt, die auf der Wiese weiden soll. Der Vater von sieben Kindern und Großvater einer stetig wachsenden Enkelschar möchte seinen Nachkommen mit dem wilden Garten und der Streuobstwiese etwas hinterlassen, wonach er sich in seinem Erwachsenenleben immer gesehnt hat: Weite, Wildheit und Natur. Und natürlich die imposante Vielfalt des eigenen Obsts.

»Ich bin nach dem Krieg in einer Kleingartensiedlung groß geworden, weil die elterliche Wohnung ausgebombt war«, erzählt Heinz Egleder, woher seine Liebe zu dem großen Garten kommt. »Wir hatten keinen Strom, kein Wasser. Das hat uns Kinder nicht gejuckt. Wir waren immer draußen. Das war mein Paradies.« Der fünfjährige Enkel Finn hat ebenfalls seine Freude an Opas wildem Garten und daran, mit ihm die Tiere dort zu beobachten. Und die sind reichlich vorhanden: Enten, Hühner und Kaninchen sowie Rehe und Hasen.

Auf beiden Seiten wird das lang gezogene Grundstück von einer Bepflanzung mit typischen Knickgehölzen gesäumt: Schlehen, Haselnüsse, Wildpflaumen, Holunder, Brombeeren, Eberesche, Felsenbirne, Weißdorn und Kornelkirsche bieten Vögeln, Kleinsäugern und Insekten reichlich Nahrung und Zuflucht. Diese Wildfrüchte können auch von den Menschen verzehrt werden. »Das meiste aber lassen wir für die Tiere dran, wir schaffen es nicht, alles zu ernten und zu verarbeiten«, erklärt Egleder und beißt genüsslich in eine Lübecker Prinzessbirne – eine alte Lokalsorte.

Hagebutte – *Rosa*

Die Hagebutte ist die Frucht der Rose. Wilde Rosen sind von Natur aus in Teilen Europas und Asiens verbreitet. Die Hagebutten-Früchte sind sehr vitaminreich und werden schon lange in der Volksmedizin gegen verschiedene Erkrankungen eingesetzt. Der Vitamin-C-Gehalt ist um ein Vielfaches höher als bei der Zitrone oder der Schwarzen Johannisbeere. Während Kulturrosen keine oder nur sehr kleine Früchte hervorbringen, tragen Wildrosen und speziell für die Fruchternte gezüchtete Sorten große Hagebutten, deren Verwertung lohnt.

Im Garten

Wildrosen schätzen wie Edelrosen einen sonnigen Standort und mittelschweren humosen Boden. Trockenheit wird besser vertragen als Staunässe. Sind sie erst einmal eingewachsen, benötigen sie kaum Pflege. Einige Sorten bilden kräftige Ausläufer und sind von daher für kleine Gärten nicht gut geeignet. Eine Wildrosenhecke aus mehreren Sorten sieht sowohl in der Blütezeit als auch später mit den meist rot leuchtenden Früchten hübsch aus. Sie wird etwa zwei Meter hoch und bildet ein gutes Vogelnähr- und Schutzgehölz.

Sorten

Im Prinzip sind die Hagebutten aller Rosen essbar. Die Früchte von Wildrosen beziehungsweise für die Hagebuttenernte gezüchteten Sorten sind jedoch größer und schmackhafter.

- Die 'Hunds-Rose' *(Rosa canina)*, ist die mit Abstand häufigste wild wachsende Rosenart in Mitteleuropa. Sie wächst an den Stränden Dänemarks ebenso wie bis in Höhenlagen von 1200 Metern. Die Blüten sind zartrosa und öffnen sich im Juni und Juli. Die ovalen leuchtend roten und großen Hagebutten reifen von August bis Oktober.
- Die 'Kartoffel-Rose' *(Rosa rugosa)* stammt aus Ostasien und blüht mehrmals. Sie hat weiße einfache Blüten und ist extrem robust. Wo sie sich angesiedelt hat, ist sie kaum noch zu entfernen. Nur sehr hohe PH-Werte verträgt sie nicht gut und vergilbt. Die runden roten Hagebutten reifen im Herbst.
- Die 'Apfelrose' *(Rosa villosa)* bleibt mit ein bis zwei Metern Höhe etwas niedriger als die zuvor genannten Sorten. Sie ist in ganz Europa verbreitet. Die Blüten sind rosarot, die Hagebutten reifen ab August und werden sehr groß, allerdings tragen sie kleine Borsten. Der Geschmack ist gut und der Vitamingehalt sehr hoch.
- Die 'Pillnitzer Vitaminrose PiRo3' *(Rosa dumalis × Rosa pendulina)* ist eine Züchtung aus zwei in Europa heimischen Elternteilen. Sie wird etwas über zwei Meter hoch. Da sie wenig Stacheln trägt, fällt die Ernte leichter. Die Blüten sind zartrosa, die ovalen großen Früchte ziegelrot.

Ernte und Lagern

Hagebutten können ab August geerntet werden. Handschuhe und Jacke helfen, allzu viele Kratzer zu vermeiden. Zu zweit ernten ist hilfreich. Die Früchte sollten die volle Färbung angenommen haben, aber noch fest sein. Wenn sie gleich nach der Ernte verarbeitet werden, ist der Vitamingehalt am höchsten. Wer ohnehin vorhat, Mus beziehungsweise Konfitüre aus ihnen zu kochen, kann sie aber auch einfrieren, wenn gerade keine Zeit zur Weiterverarbeitung ist.

Oben: Die Rose 'Zigeunerknabe' hat einen hohen Zierwert und bildet schöne Hagebutten.

In der Küche

Hagebutten können auch roh gegessen werden, so haben sie den höchsten Vitamingehalt. Dazu muss man sie von anhaftenden Kelchblättern und den innenliegenden Kernen befreien. Die Kerne haben kleine Widerhaken – Kinder verwenden sie deshalb gerne als »Juckpulver«. Einfacher ist es, die Hagebutten in etwas Wasser weich zu kochen und dann durchs Sieb zu streichen, in dem die Kerne haften bleiben. Das Fruchtmark kann dann zu einem süßen Brotaufstrich weiter verarbeitet werden, indem man es mit Zucker im Verhältnis 2:1 einkocht. Aufgeschnittene und entkernte Früchte können getrocknet und später für Tee verwendet werden.

Obst
Die Wärmeliebenden

Weinrebe – *Vitis vinifera*

Die Weinrebe gehört in die Familie der Weinrebengewächse, von der es weltweit mehr als 800 Arten gibt. Alle sind ausdauernde Kletdtersträucher oder Lianen, aber nur die wenigsten bringen essbare Früchte hervor. In der menschlichen Ernährung spielt der Verzehr von Weinbeeren seit jeher eine Rolle. Ein systematischer Anbau von Reben zur Herstellung von Wein ist seit etwa 7000 Jahren für den Kaukasus und für Vorderasien belegt – damit gehört die Weinrebe zu den ältesten Kulturpflanzen.

Die Vergärung von Traubensaft zu Wein ist eine frühe Methode der Konservierung und ein uralte menschliche Kulturtechnik, um die sich zahllose Mythen und Rituale ranken. Eine besondere Bedeutung erfährt der Wein in der christlichen Kultur als Sinnbild des Blutes Christi. Neben der Vergärung wurden und werden Trauben durch Trocknen haltbar gemacht – das Ergebnis sind Rosinen. Es gibt eine immense Sortenvielfalt, grundlegend unterscheidet man Trauben für die Weingewinnung, zum Trocknen und Tafeltrauben für den Frischverzehr.

Im Garten

Die Weinrebe bringt nicht nur vielfältig nutzbare Früchte hervor, sondern sieht auch als Pflanze attraktiv aus und kann auf diverse Weise gezogen werden, zum Beispiel zur Begrünung von Hauswänden, als freies Spalier oder auch als Sonnenschutz an einer Pergola. Obwohl die Rebe in wärmeren Ländern zu Hause ist, kann sie auch hierzulande außerhalb der Weinbaugebiete kultiviert werden, wenn sie einen windgeschützten und gut besonnten Standplatz erhält. Sie stellt keine besonderen Ansprüche an den Boden, nur sollte es nicht zu staunass sein. Pflanzt man die Rebe an eine Hauswand, so sollte man überprüfen, ob auch in der Tiefe genügend Wurzelraum zur Verfügung steht.

Die Rebe benötigt ein Rankgerüst aus Holz oder Metalldrähten. Zur Wand muss ein Mindestabstand von 10–15 cm gegeben werden. In Weinbaugebieten müssen zwingend Weinreben verwendet werden, die auf reblausresistenten Unterlagen veredelt worden sind. Außerhalb dürfen auch einfach Steckhölzer gepflanzt werden.

Im ersten Standjahr wird die Jungrebe zu einem Stämmchen von 50–80 cm aufgebaut, dazu werden alle Seitentriebe bis auf ein Blatt eingekürzt. Im Folgejahr wird das Stämmchen nochmals eingekürzt und aus den neuen Trieben werden zwei waagerechte und ein Mitteltrieb gezogen. Die waagerechten Triebe bilden eine erste Etage, die daraus wiederum senkrecht wachsenden einjährigen Triebe tragen später die Trauben. Je nach gewünschter Wuchsform können in den Folgejahren weitere Etagen gebildet werden. In den ersten zwei Standjahren müssen Blüten ausgebrochen werden, damit der Weinstock seine Kraft erst einmal in die Entwicklung von Holz und Wurzelwerk steckt.

Eine Weinrebe kann viele Jahre alt werden, wenn sie regelmäßig stark zurückgeschnitten und damit verjüngt wird. Wer Tafeltrauben ernte möchte, sollte zudem regelmäßig darauf achten, Blätter zu entfernen, die die Trauben beschatten.

Oben: Helle und dunkle Sorten sind gleichermaßen als Tafeltrauben geeignet, es ist einzig Geschmacksache.

Sorten

Weinreben sind im Verlauf der Geschichte auf sehr unterschiedliche Eigenschaften hin gezüchtet worden. Für die Herstellung von Wein sind andere Sorten optimiert als für die Verwendung als Tafelobst. Es gibt aber durchaus auch Sorten, mit denen beides möglich ist. In den letzten Jahren sind etliche Sorten gezüchtet worden, die wenig empfindlich gegen verbreitete Krankheiten sind und die auch in kühleren Regionen noch rechtzeitig abreifen. Auch kernlose Sorten erfreuen sich zunehmender Beliebtheit.

- ‘Blauer Portugieser’ ist eine etwa 200 Jahre alte Sorte, die ab Anfang September schwarzblaue Trauben mit süßen Beeren hervorbringt, welche sowohl als Wein- als auch als Tafeltraube geeignet sind.
- ‘Lakemont’ kommt aus den USA. Diese Sorte ist sehr wüchsig. Ab Mitte September werden die lockeren Trauben mit

Oben: Die Weinlese erfolgt so spät wie möglich, damit der Zuckergehalt in den Trauben noch ansteigt.

mittelgroßen gelbgrünen Früchten reif. Da sie kernlos sind und eine angenehm dünne Schale haben, sind sie sehr gut als Tafelobst zu verwenden. 'Lakemont' ist sehr widerstandsfähig gegen Mehltau.

- 'Muscat blue' wurde bereits vor dem Zweiten Weltkrieg in der Schweiz gezüchtet. Es handelt sich um eine sehr robuste Sorte, die ab Anfang September reift. Die großen blauen Beeren hängen an lockeren Trauben. Sie haben ein kräftiges Muskat-Aroma. Eine gute Tafeltraubensorte, die unempfindlich gegen die meisten Krankheiten ist und auch Frost ganz gut verträgt.
- 'Osella' ist eine sehr frühe Sorte mit blauen Trauben, die sehr süß werden. Die Schale ist fest.
- 'Vanessa' stammt aus Kanada und bildet kernlose rosagelbe Beeren an mittelgroßen Trauben. Sie schmecken knackig und süß und reifen ab Mitte August. Daher ist diese Sorte gut geeignet für den Anbau außerhalb von Weinbaugebieten. Gute Toleranz gegenüber Pilzerkrankungen.
- 'Venus' wird Ende August reif und trägt sehr viele blauschwarze Trauben. Die Beeren sind kernlos, süß und aromatisch. Die Haut ist eher fest, was beim Verzehr stören kann, aber vor starkem Insektenfraß schützt. Venus hat große Blätter und ist daher auch gut als schattenspendende Bepflanzung an einer Pergola geeignet.

Ernten und Lagern

Ist der Behang mit Trauben sehr üppig, kann noch zwei, drei Wochen vor der Reife ausgedünnt werden, um die Qualität der verbleibenden Früchte zu verbessern. Die unreif ausgeschnittenen Trauben können ausgepresst und zu Verjus verarbeitet werden, ein saurer Saft dem heilsame Wirkung nachgesagt wird.

Die eigentliche Lese beginnt, wenn die meisten Beeren an der Traube reif sind – probieren Sie, wann sie Ihnen am besten schmecken. Leider mögen auch Wespen gerne reife Trauben, sodass der Befall kurz vor der idealen Erntezeit oft sehr stark ist. Ein Netz hilft.

Geerntet werden ganze Trauben mit einer Schere. Sollen sie als Tafeltrauben verwendet werden, legt man sie vorsichtig nebeneinander, damit keine Beeren zerdrückt werden. Im Kühlschrank halten die Trauben einige Tage frisch. Eine etwas aufwendigere Konservierungsmethode besteht darin, alle beschädigten oder überreifen Beeren zu entfernen und den Stiel der Traube in heißes Wachs zu tauchen. Nun werden die Trauben an einem luftigen kühlen Ort über eine Wäscheleine gehängt und können etliche Wochen halten. Ab und an sollte kontrolliert werden, ob Beeren verdorben sind und diese ausgezupft werden.

Kleinfrüchtige kernlose Sorten können auch getrocknet und damit länger haltbar gemacht werden.

In der Küche

Trauben lassen sich sehr gut zur Saftgewinnung pressen und sind ergiebig. Der Saft kann zu Wein vergoren werden. Sterilisierter und heiß in Flaschen abgefüllter Traubensaft ist lange haltbar und auch ohne Alkohol ein Genuss. Auch Dampfentsaften gelingt gut.

Verjus ist ein Presssaft aus unreifen Trauben. Er kann als Ersatz für Zitronensaft oder Essig verwendet werden und gibt Salaten eine sehr pikante Note. In der Volksmedizin wird der hohe gesundheitliche Nutzen von Verjus gepriesen, der sehr harmonisierend auf das Magen-Darm-System wirken soll. Aus Traubensaft lässt sich auch Gelee kochen, dieses ist aber recht mild im Geschmack.

Frische Tafeltrauben schmecken sehr gut zusammen mit anderem Obst, zum Beispiel in einem Obstsalat. Das Aroma wird durch die Zugabe von etwas Zitronensaft noch angehoben. Ein Klassiker ist die Kombination von Trauben mit Käse, besonders Blauschimmelkäse wie Gorgonzola profitiert von Trauben als Partner.

Zu Wild und Geflügel passen Trauben ebenfalls gut, man kann sie in einer Bratensoße gegen Ende der Kochzeit kurz mit erhitzen, allerdings dürfen sie nicht zu lange garen, da sie sonst zu weich werden. Alternativ kann man auch Rosinen oder Sultaninen in einer Bratensoße ziehen lassen, bis sie sich mit etwas Flüssigkeit vollgezogen haben.

In der östlichen Mittelmeerküche werden junge blanchierte oder eingelegte Weinblätter gerne mit Fleisch oder Reis gefüllt und als Vorspeise gegessen. »Dolma« oder »Sarma« lassen sich am besten im Frühling herstellen, wenn die Blätter noch zart sind.

Rechts: Riesling gilt als hervorragende Rebsorte, die auch in kühleren Gegenden noch gut gedeiht.

Traubendessert mit weißer Schokolade

500 g grüne Weintrauben ¦ 50 g Zucker ¦ 1 TL Vanillezucker ¦ 150 g Mascarpone ¦ 150 g Magerquark ¦ 50 g weiße Schokolade ¦ 50 g Pistazien ¦ frische Minze

Die Trauben halbieren und von Kernen befreien, sofern vorhanden. Den Mascarpone mit Quark, Zucker und Vanillezucker verrühren. Die Schokolade grob raspeln und die Pistazien nicht allzu klein hacken. Ein paar Blätter Minze sehr fein schneiden.

Nun abwechselnd eine Schicht Trauben und Mascarponecreme in hübsche Gläser schichten und dünn mit Schokolade, Pistazien und Minze bestreuen. Die oberste Schicht sollte Mascarpone bilden, der mit einer ganzen Traube und ein wenig Pistazie sowie einem Minzblättchen verziert wird.

Dolmades mit Lammhackfüllung

Zutaten **40 junge Weinblätter ¦ 4 kleine Frühlingszwiebeln ¦ 2 Knoblauchzehen ¦ 4 EL Olivenöl ¦ 1 Bund Petersilie ¦ 1 Handvoll Minzblätter ¦ 500 g Gehacktes vom Lamm ¦ 100 g Reis ¦ 2 TL Salz ¦ Pfeffer**

1 Die Weinblätter kurz blanchieren, damit sie weich werden und gerollt werden können. Ersatzweise eingelegte Weinblätter verwenden.

2 Die Zwiebeln und den Knoblauch fein hacken und in dem Öl andünsten. Die Kräuter hacken und mit den gebratenen Zwiebeln, dem Hackfleisch und dem rohen Reis vermengen, mit 1 TL Salz und Pfeffer nach Belieben würzen und alles verkneten.

3 Die Weinblätter mit der helleren Seite nach oben auf ein Brett legen, die Masse etwa auf Höhe des Blattstielansatzes darauf verteilen (ca. 1 TL je Blatt), die Seiten über die Füllung umklappen und die Blätter einrollen.

4 In einem großen flachen Topf eng nebeneinander auslegen, gegebenenfalls mit einem Teller beschweren. Heißes, nicht kochendes Wasser salzen und darüber geben, sodass alles gut bedeckt ist.

5 40 Minuten bei leichter Hitze (oder im Backofen) garen, dabei zwischendurch kontrollieren, ob noch Flüssigkeit vorhanden ist, gegebenenfalls nachgießen. Am Ende sollte die Flüssigkeit größtenteils aufgesogen sein.

Reportage

Der Weinberg auf dem Uni-Campus

Obwohl Georg Sczakiel in der Pfalz aufgewachsen ist, wurde ihm sein Hobby nicht gleich in die Wiege gelegt. Seine Eltern waren als Heimatvertriebene aus dem Osten in die von Industrie und amerikanischer Besatzung geprägte Stadt Kaiserslautern gekommen. Lediglich der große Selbstversorger-Garten der Familie ermöglichte dem Jungen Georg frühe Erfahrungen mit dem Gemüse- und Obstanbau.

Bereits während der Schulzeit begeisterte er sich für die Chemie und experimentierte, wo immer sich eine Gelegenheit ergab – auch im Garten. So stellte Georg Sczakiel als 16-Jähriger den ersten Obstwein aus Beerenfrüchten her, noch bevor er selbst erste Erfahrungen mit dem Genuss von Alkohol gewonnen hatte.

Faszination Weinbau

Letzteres änderte sich in den folgenden Jahren: Als Oberschüler genoss er es, an den Wochenenden mit Freunden zu Weinfesten in die umliegenden Orte zu fahren. In dieser Zeit begann er, die vom Weinbau geprägte Kulturlandschaft zu lieben, und schon während des Studiums kaufte er sich zusammen mit zwei ehemaligen Klassenkameraden einen eigenen Weinberg in St. Martin an der südlichen Weinstraße.

Georg Sczakiel studierte in Freiburg und Heidelberg, also in Städten, in deren weiterem Umland der Weinbau eine gehörige Rolle spielt. Auch die Entfernung zum eigenen Weinberg hielt sich im Rahmen. In den Semesterferien absolvierte der junge Student eine Küferlehre bei dem letzten Meister des Gewerkes im für seine Rieslingweine berühmten Rheingau. Aus dieser Perspektive erschlossen sich ihm weitere Geheimnisse der Kellerwirtschaft. »Ich fand das alles sehr spannend, und war mir zeitweilig nicht sicher, ob ich nach dem Studium überhaupt als Wissenschaftler arbeiten wollte«, erzählt er.

Ein guter Ausgleich zum Beruf

Doch die wissenschaftliche Karriere nahm ihren Lauf. Viele Jahre lebte und arbeitete der Chemiker und Molekularbiologe in Heidelberg, gründete dort eine Familie und bestellte seinen Weinberg als Ausgleich zu der anstrengenden Tätigkeit am Schreibtisch und im Labor. Zwei weitere Weinberge erwarb er in Ellerstadt an der deutschen Weinstraße und im nordbadischen Leutershausen. Das große Wohnhaus der Familie bot genug Raum, um einen Weinkeller mit Kelter, Traubenmühle, etlichen großen Eichenfässern und genug Lagerplatz für abgefüllte Flaschen einzurichten. Mehr als 1000 Liter Wein produzierte Hobbywinzer Sczakiel dort im Jahr – das meiste davon hat er verschenkt.

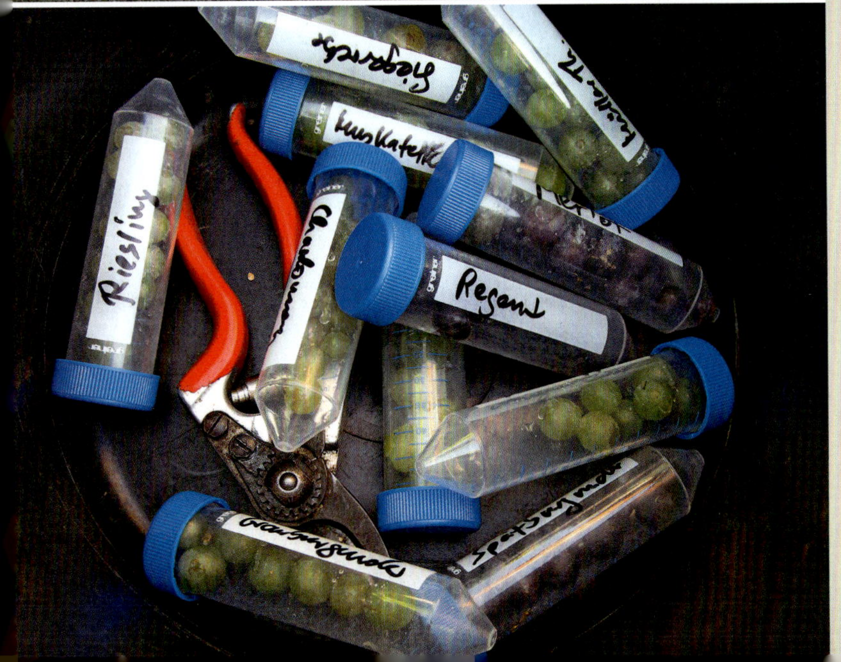

Ruf aus dem Norden

Um die Jahrtausendwende erreichte ihn ein Ruf der Medizinischen Universität zu Lübeck an das Institut für Molekulare Medizin, dem Georg Sczakiel folgte. »Die Menschen hier sind so nett und freundlich, sie entsprechen nicht dem Klischee des verschlossenen Norddeutschen«, sagt er, »und so haben wir uns sehr gut eingelebt.« Anfangs pendelte er noch wöchentlich zwischen Norddeutschland und der alten Heimat, wo er weiter seinen bereits in Jugendzeiten erworbenen Weinberg bestellte. Doch dieser wurde wegen Flurbereinigung für unerwartet lange Zeit stillgelegt. »Dann fehlte mir etwas«, berichtet Sczakiel, denn die beiden zuletzt erworbenen Weinberge hatte er bereits wieder abgeben.

Eine verrückte Idee

»Als ich hörte, dass mein Arbeitsplatz sich im am schlechtesten wärmeisolierten öffentlichen Gebäude in Schleswig-Holstein befindet, sah ich quasi vor meinem inneren Auge, wie die Wärme aus dem Gebäude nach draußen dringt. Und dann hat es bei mir gezündet.« Der Professor beschloss, gleich unterhalb seines Bürofensters im sogenannten Transitorium mit dem Weinbau zu beginnen. Bis es soweit war, mussten noch etliche Skeptiker überzeugt werden. Auf dem Universitätsgelände eigenmächtig eine private Pflanzung anzulegen – so etwas ist nach dem deutschen Verwaltungsrecht nicht vorgesehen. Was wäre zum Beispiel wenn der Hobbywinzer die Uni verlassen, vom Schlag getroffen würde oder anderweitig an der ordnungsgemäßen Pflege der Anlage verhindert wäre?

Oben: Möglichst spät, aber noch bevor lange nasse Herbsttage zu Schimmel und Fäulnis führen, erntet Georg Sczakiel seine Trauben.
Mitte: Ein langer warmer Sommer hat für viel Süße in den Früchten gesorgt.
Unten: Regelmäßig zieht der Professor Proben seiner Trauben, um ihre Eigenschaften genau zu untersuchen.

Systematisch erfolgreich

Doch es gelang Sczakiel, die Bedenkenträger zu beruhigen und Ängste zu zerstreuen. Die Kollegen und Mitarbeiterinnen in seinem Gebäude waren eher positiv gestimmt, als er damit begann, das ungepflegte Brombeergestrüpp vor den Bürofenstern zu roden. 2005 setzte er in einem ersten Schwung 40 Reben an die wärmende Hauswand, die zudem mit bester Südlage aufwarten kann. Darunter waren 'Müller-Thurgau', 'Huxelrebe', 'Phönix', 'Regent', 'Kerner', 'Grauburgunder', 'Weißburgunder', 'Spätburgunder', 'Sauvignon Blanc', 'Chardonnay', 'Portugieser', 'Dornfelder' und 'Saint Laurent'. Es ging ihm darum, Erfahrungen mit den verschiedenen Sorten in dieser Lage, dem Kleinklima und dem von Bauschutt durchwachsenen Boden zu gewinnen.

Im Jahr 2007 konnte der Hobbywinzer erstmals eine Ernte einfahren und pflanzte – von diesem Erfolg motiviert – weitere 32 Merlot-Reben. »Es reizt mich sehr, diese traditionellen Sorten auf ambitionierte Weise hier in Lübeck zu kultivieren, denn aus ihnen kann man einen deutlich wohlschmeckenderen Wein ausbauen als aus den frühreifenden, im Norden bevorzugten Neuzüchtungen wie 'Solaris', 'Johanniter', 'Phönix', 'Regent' oder 'Rehberger'.« Aber auch davon hat Georg Sczakiel ein paar Stöcke stehen, »zum Vergleich«. Schließlich ist er Naturwissenschaftler und geht auch sein Hobby mit großer Systematik an. Dazu gehört auch die Buchführung über den Oechsle-Grad seiner Trauben, den er regelmäßig mit einem Hand-Refraktometer ermittelt und anschließend auf seinem Notebook festhält.

Oben: Beim Blick durch das Refraktometer erkennt Sczakiel den Zuckergehalt der Trauben in Grad Oechsle.
Mitte: Diese Trauben haben sogenannte Edelfäule – wie der Edelschimmel beim Käse hebt diese den Geschmack und ist erwünscht.
Unten: Die beiden Eimer sind nur der Anfang – die Weinlese auf dem Campus Lübeck fällt üppig aus.

Oben: Mit den blauen Netzen schützt Professor Sczakiel die Trauben vor Vogelfraß und vor Wespen.

Triumph wider den Zweifel

»Ich habe häufig Mostgewichte des frisch gekelterten Traubensaftes, wie sie für Kabinettweine vorgeschrieben sind«, berichtet der Professor stolz, »vor vier Jahren habe ich mit den roten Sorten mit 105 Grad Oechsle sogar Auslesequalitäten erreicht.« Ein kleiner Triumph für den Hobbywinzer, dem vor allem Weinkenner aus der heimatlichen Pfalz wiederholt beschieden hatten, dass seine Pläne für den Weinbau in Schleswig-Holstein wohl in der Produktion von »Essig« enden würden. Anstatt aufzugeben, hat er 2010 noch weitere 91 Reben der Sorten Riesling und Spätburgunder gepflanzt, die sich bislang vielversprechend entwickeln.

»Natürlich habe ich hier nicht in jedem Jahr so gute Erfolge, es kommt sehr auf den Austriebzeitpunkt an und auf den Verlauf des Herbstes«, hat er beobachtet. Ist das Wetter warm und trocken, lässt er die Reben so lange wie möglich hängen, denn innerhalb von zwei Wochen kann der Oechsle-Gehalt noch einmal um 10 Grad zunehmen. Ist es aber feucht und kühl, muss gelesen werden, bevor die Trauben von Fäulnis oder Schimmel befallen werden. »Da ich gleich hier arbeite, kann ich den Zustand der Trauben jeden Tag kontrollieren, das ist optimal.«

Naschen erlaubt

Von seinem Fenster kann der Professor auch beobachten, auf wie viel Interesse seine Anlage bei Mitarbeitern, Patienten und deren Besuchern trifft, die am Gebäude vorbeigehen. Auf diese Weise den Menschen den Weinbau ein bisschen näher zu bringen, freut ihn; und er ermutigt die Passanten, auch mal von den Trauben zu naschen. Manche haben bis dahin nicht für möglich gehalten, dass Wein überhaupt im Norden gedeiht. Wenn er im Winter und Frühling gerade dabei ist, seine Reben zu schneiden, gibt er Interessierten gerne ein Steckholz mit, sodass sie es auch im eigenen Garten probieren können – denn anders als in Weinbaugebieten ist im Norden die Kultur ungepfropfter Reben nicht verboten.

Einen Weinstock heranzuziehen, ist nicht schwer. Der im Spätwinter abgeschnittene Austrieb wird auf 20 bis 30 Zentimeter eingekürzt und an einem schattigen Platz so in die Erde gesteckt, dass drei bis vier Augen herausschauen. Dann heißt es: regelmäßig feucht halten! Schon nach ein paar Wochen schlägt das Steckholz aus. Im Herbst kann die junge Rebe verpflanzt werden – und nach zwei Jahren ist die erste Ernte möglich.

Klauen unerwünscht

Ab und an aber ärgert Sczakiel sich auch über Diebe: Weinblätter sind in der südeuropäischen Küche für die Herstellung von Dolmades beliebt, und so wurde schon mehrfach tütenweise Blattwerk einfach abgeschnitten – besonders schädigend ist das im Frühjahr für die gerade neu austreibenden Reben. Aber auch Trauben sind schon in Eimern weggeschafft worden. Die vom Winzer über die zeitiger reifenden Sorten gespannten blauen Netze halten Langfinger, Wespen und Vögel nun jedoch erfolgreich ab.

Rechts: Winzer zu sein, das ist für den Professor ein wunderbarer praktischer Ausgleich zur Arbeit am Schreibtisch.

Es braucht Mut zu Neuanfängen

Ewig wird es den »Weinberg« vor dem Transitorium jedoch nicht mehr geben. Wegen des schlechten Zustandes soll das Haus demnächst abgerissen werden. Das Uni-Präsidium hat dem Professor jedoch schon einen Ersatzstandort angeboten – vor dem neu gebauten Informatikgebäude, das wegen seiner U-Form die Sonnenwärme ideal einfängt. Bis zum Umzug hofft Sczakiel auch seinen Wein vom Fass auf Flaschen gezogen zu haben und die Kollegen aus dem Transitorium zu einer Verkostung einladen zu können. Und dann geht es von vorne los. Übrigens: Auch die Flurbereinigung sollte demnächst abgeschlossen sein, sodass der Weinberg in der Pfalz wieder neu angelegt werden kann. Langweilig wird es Georg Sczakiel also so schnell nicht werden.

Kiwi – *Actinidia deliciosa*

Beheimatet ist die Kiwi in China, weshalb sie hierzulande zunächst auch als »Chinesische Stachelbeere« bezeichnet wurde. Außerhalb Chinas wurde sie ab Beginn des 20. Jahrhunderts im größeren Umfang in Neuseeland kultiviert. Von dort wurde sie ab der Mitte des Jahrhunderts unter dem Namen des Wappenvogels der Insel, des Kiwi, exportiert.

In Deutschland ist die Kiwi seit den 1970er-Jahren im Handel. Mittlerweile wird sie auch in Südeuropa angebaut, und es gibt einige Züchtungen, die sich auch für den Anbau im mitteleuropäischen Hausgarten eignen.

Im Garten

Die Kiwi ist eine Schlingpflanze, die an einem Rankgerüst gezogen werden muss. Außerhalb des Weinbauklimas sollte dieses an einer Süd- oder Südwestwand stehen, damit die Pflanze ausreichend Wärme bekommt. Sie bevorzugt tiefgründigen humosen Boden. Es dauert einige Jahre, bis die Pflanzen zu stattlicher Größe herangewachsen sind – sie können einige Meter hoch ranken – und zu fruchten beginnen. Es gibt männliche und weibliche Pflanzen, für einen guten Ertrag müssen beide gesetzt oder aber eine Zwitterpflanze angeschafft werden. Eine erwachsene Kiwi an einem guten Standort kann 500 bis 1000 Früchte liefern!

In den ersten Jahren bedarf eine Kiwipflanze kaum eines Schnittes, sie muss sich zunächst etablieren und man sollte dafür sorgen, die Ranken wunschgemäß am Gerüst zu verteilen. Später sollte ab und an ausgelichtet und verkahltes Holz ausgeschnitten werden.

Sorten

Die aus dem Handel bekannte Kiwi *Actinidia deliciosa* hat relativ große Früchte mit pelziger Schale und grünem oder gelbem Fruchtfleisch. Diese Sorten gedeihen nicht in Gegenden mit dauerhaften frostigen Wintern, vertragen aber durchaus einmal vorübergehend Temperaturen bis –12 °C oder auch –15 °C.

Daneben gibt es noch die Kiwi *Actinidia arguta* in verschiedenen Sorten. Diese tragen weitaus kleinere glattschalige Früchte und sind sehr robust wie die niederländische Sorte 'Issai' sehr frostverträglich wie die auch als »Bayernkiwi« bezeichnete 'Weiki'. Mittlerweile sind auch rotfleischige Sorten im Angebot.

Ernte und Lagern

Hierzulande dauert es lange, bis die Kiwifrüchte weich und damit reif sind – es kann sich bis in den November hineinziehen. Vor der Vollreife geerntete Kiwi kann man wochenlang im Kühlschrank oder Keller aufbewahren, sie beginnen nachzureifen, sobald man sie ins Warme holt. Beschleunigen lässt sich der Prozess, wenn man die Früchte zusammen mit einem Apfel in einen Kunststoffbeutel gibt.

Durch Erhitzen verändern Kiwi deutlich ihren Geschmack und werden sehr weich, deshalb befriedigt Einkochen eher nicht. Auch beim Einfrieren leidet die Konsistenz.

In der Küche

Üblicherweise werden Kiwi verzehrt, indem man sie halbiert und auslöffelt. Die nicht-behaarten Sorten können allerdings auch mitsamt der Schale gegessen werden. Kiwi enthalten viel Vitamin C und sind von daher gerade im Winter willkommen. Sie ergänzen sich gut mit anderen Früchten in einem Obstsalat. Bei der Kombination mit Milchprodukten muss man jedoch vorsichtig sein, das in einigen Kiwisorten enthaltene Enzym Actinidin sorgt dafür, dass sich ein bitterer Geschmack bildet. Man kann dieses Enzym aber auch zu seinem Vorteil nutzen: Belegt man Steaks vor dem Braten für eine halbe Stunde mit Kiwischeiben, so wird das Fleisch besonders zart. Kiwis gelten wegen ihres hohen Vitamingehaltes als sehr wertvoll für die Ernährung und sollen auch cholesterinsenkend wirken. Aufpassen müssen jedoch Menschen, die eine Latex-Allergie haben, sie könnten auch auf Kiwis reagieren.

Rechts: Kiwis haben dann den idealen Reifepunkt erreicht, wenn sie sich bequem aus der Schale löffeln lassen.

Feige – *Ficus carica*

Die Feige gehört zu den Maulbeergewächsen und ist eine der ältesten Kulturpflanzen der Menschheit. Sie ist im gesamten Mittelmeerraum beheimatet und wird dort seit mehr als 10.000 Jahren gezielt kultiviert. Daneben existieren etliche wilde und verwilderte Varianten.

Obwohl die Feige sehr wärmeliebend ist, kann sie auch in Mitteleuropa angebaut werden, Voraussetzung ist der Schutz vor starken Kahlfrösten. Sie gedeiht im Norden in wintermilden Gebieten wie Südengland oder sogar auf der dänischen Insel Bornholm. Während ein Feigenbaum im Süden bis zu zehn Meter hoch werden kann und bis zu drei Ernten im Jahr bringt, bleibt er im Norden deutlich kleiner und meist ist auch nur eine Ernte zu erzielen. Im Mittelmeerraum verwendet man Feigen vor allem als gehaltvolle Trockenfrüchte. Der Export von Frischfrüchten spielt nur eine geringe Rolle, da sie erntereif kaum zu transportieren sind, aber andererseits auch nicht mehr nachreifen.

Im Garten

Wenn man ein sonniges und windgeschütztes Plätzchen, zum Beispiel an einer Hauswand, für die Feige reservieren kann, ist die Kultur unkompliziert. Die Bodenansprüche der Feige sind gering. Da sie nicht gerne feucht steht, kann etwas Kies oder Schotter eingearbeitet werden, um den Boden durchlässiger zu machen. In den ersten Standjahren sollte wenig oder gar nicht gedüngt werden, damit sich keine mastigen Triebe entwickeln. Später ist mulchen und moderates Düngen willkommen und fördert den Fruchtansatz.

Man kann Feigen als freies Spalier ziehen oder aber auch in Buschform. Ein spezieller Schnitt ist nicht notwendig, die Pflanzen sollten aber immer wieder ausgelichtet werden. Die beste Zeit dazu ist im Frühjahr, wenn man erkennen kann, ob und welche Zweige Frostschäden erlitten haben. Diese werden bis ins gesunde Holz entfernt.

In Gegenden, wo es häufiger Frost unter –10 °C gibt, müssen Feigen entweder als Kübelpflanzen gezogen und eingewintert oder aber während der Frostperiode gründlich mit Stroh und/oder Decken eingepackt werden.

Sorten

Es gibt eine enorme Sortenvielfalt in den Herkunftsländern mit gelben, grünen, orangen, roten, braunen und schwarzen Früchten. In Mitteleuropa sollte man sich jedoch auf Feigensorten beschränken, die auch mit kalten Wintern zurechtkommen beziehungsweise die im Kübel gedeihen, sodass man sie zum Überwintern ins Haus holen kann:

- 'Brown Turkey' ist hierzulande weit verbreitet. Sie trägt große grün-braune Früchte, die ab Mitte/Ende August reif sind. In Gegenden mit warmem Herbst ist eine zweite Ernte möglich. Der Ertrag ist hoch, die Pflanzen mittelgroß und robust. 'Brown Turkey' verträgt an geschützten Standorten bis –15 °C.
- 'Negronne' bildet kleine schwarzblaue Früchte mit ausgewogener Süße. Diese Sorte wird häufig in England gepflanzt, sie wird nicht allzu groß und ist auch für die Kübelkultur geeignet. Ernte ab Ende August.
- 'Dauphine' reift ab Anfang August und bringt große grünviolette Früchte mit ausgezeichnetem Geschmack hervor, auch für die Kübelkultur geeignet.

Ernten und lagern

Reif geerntete Feigen schmecken unvergleichlich gut. Die Früchte müssen bereits erste Risse in der Haut bekommen, dann ist der richtige Zeitpunkt erreicht. Sie reifen nach dem Pflücken nicht mehr nach und müssen binnen eines Tages verbraucht werden. In der Zwischenzeit abgedeckt lagern, damit keine Fruchtfliegen kommen. Im Süden werden Feigen durch Trocknen in der Sonne konserviert. Hierzulande ist der Energieaufwand dafür zu hoch.

In der Küche

Die schwere Süße reif geernteter Feigen ist köstlich und nicht mit dem Geschmack von halbreifer Importware zu vergleichen. Man isst die Früchte mitsamt der Schale, es sei denn, diese ist schon so unansehnlich, dass man sie lieber entfernt. Feigen lassen sich zu Konfitüre verarbeiten, brauchen dann aber noch etwas Säure – zum Beispiel Zitronensaft – oder eine scharfe Komponente – zum Beispiel Chili – um etwas interessanter zu schmecken. Sie eignen sich auch zur Herstellung von Chutneys, Zuckerzugaben sind dann nicht mehr nötig.

Frische Feigen harmonieren sehr gut mit Walnüssen, Feldsalat, Räucherschinken und Blauschimmelkäse. Geviertelte Feigen dezent mit Zimt bestreut und in geschmolzene weiße Schokolade getunkt, ergeben eine verführerische Leckerei.

Oder probieren Sie einmal frische Feigen zusammen mit einem Ziegenfrischkäse, schwarzem Pfeffer direkt aus der Mühle und mit ein wenig Honig beträufelt.

Feigensalat mit Walnüssen, Serranoschinken und Balsamico

Zutaten 4–6 reife Feigen ¦ 1 kleiner Radicchio-Kopf (ca. 200 g) ¦ 100 g aufgeschnittener Serranoschinken (oder ein anderer milder luftgetrockneter Schinken) ¦ 20 Walnüsse ¦ 3 EL Olivenöl ¦ 1 EL Balsamico-Essig ¦ 1 TL Honig ¦ ½ TL Salz

1 Die Feigen waschen, den Stielansatz entfernen und die Früchte in kleine Schnitze schneiden. Den Radicchio putzen und in feine Streifen schneiden. Die Walnüsse knacken, schälen und in Hälften oder Viertel zerteilen.

2 Aus Olivenöl, Balsamico, Honig und Salz eine cremige Vinaigrette rühren. Salat, Früchte und Nüsse unterheben.

3 Den Schinken mit den Fingern zerpflücken und unter den Salat mischen.

Tipp

Wer den leicht bitteren Geschmack von Radicchio nicht mag, kann stattdessen zum Beispiel auch Feldsalat verwenden.

Maulbeere – *Morus*

Weiße, schwarze und rote Maulbeere sind in Ostasien beziehungsweise Westasien zu Hause. Sie gehören in die Familie der Maulbeergewächse und wachsen zu fünf bis 15 Meter hohen Bäumen heran, die ein beträchtliches Alter erreichen können.

In China wird die weiße Maulbeere bereits seit über 4000 Jahren kultiviert, von dort kam sie im frühen Mittelalter über Griechenland nach Sizilien und ist seit dem 17. Jahrhundert auch in Mitteleuropa bekannt. Vereinzelt gibt es noch ältere Exemplare in Klöstern, so soll ein fast 1000 Jahre alter Baum in der Benedikterabtei Brauweiler stehen. Die schwarze Maulbeere ist in der Türkei sehr verbreitet, sie bleibt kleiner und ist noch wärmeliebender, weshalb sie hierzulande nur selten angebaut wird. Die Rote Maulbeere stammt aus Nordamerika und verträgt mehr Frost.

Die Weiße Maulbeere hat ihre Bedeutung vor allem durch die Seidenraupenzucht, die in China bereits seit mehreren

1000 Jahren ausgeübt wird. Die Blätter des Maulbeerbaums sind die einzige Nahrung der Raupen. Zu diesem Zweck hat man auch im 17. und 18. Jahrhundert Pflanzungen in Mitteleuropa vorgenommen. In der NS-Zeit gab es in Deutschland einen erneuten Anlauf zur Kultur, weil man Seide zur Fallschirmherstellung produzieren wollte.

Im Garten

Maulbeeren sind wärmeliebend und benötigen einen geschützten Standort. Die weiße Maulbeere eignet sich durchaus als Hausbaum. Sie wächst schlank und kann bis zu 15 Meter hoch werden. Ein ausgewachsener Baum verträgt auch frostige Winter, in den ersten Standjahren ist aber ein Schutz aus Strohmatten oder ähnlichem willkommen. Gepflanzt wird im Frühjahr am besten Containerware, sodass die Bäumchen Zeit haben, sich über den Sommer im Garten zu etablieren. Maulbeeren bevorzugen kalkhaltige leichte Böden. Vor allem die rote Maulbeere möchte im Verlauf der Standzeit auch mal gedüngt werden. Besondere Pflege ist nicht erforderlich, es reichen ein Auslichtungsschnitt und das Entfernen zurückgefrorener Zweige im Frühjahr.

Sorten

'Weiße Maulbeere' *(Morus alba)* – diese ist bei uns am weitesten verbreitet. Die Früchte sind meistens hellbeige bis gelb und sind reif, wenn sie vom Baum fallen. Der Geschmack ist eher fade, getrocknet aber sind sie sehr gut.

Die 'Schwarze Maulbeere' *(Morus nigra)* ist am frostempfindlichsten und gedeiht vor allem im Weinbaumklima. Sie bleibt mit fünf bis acht Metern Wuchshöhe kleiner als die weiße und rote Maulbeere und bildet eine breite Krone. Die schwarzen Früchte schmecken aromatisch, der Farbstoff ist allerdings so intensiv, dass sie dauerhaft Flecken auf Wegen oder Gartenmobiliar hinterlassen, was bei der Standortwahl berücksichtigt werden muss.

Die 'Rote Maulbeere' *(Morus rubra)* ist hierzulande noch am wenigsten bekannt. Sie stammt vom Norden des amerikanischen Kontinents. Wegen ihrer Unempfindlichkeit gegen Frost eignet sie sich sehr gut zur Kultur in Deutschland. Sie wächst recht rasch zu einem zehn bis 15 Meter hohen Baum heran. Die Früchte reifen ab Juli über mehrere Wochen. Sie sind dunkelrot und schmackhaft.

Ernten und Lagern

Die Erntezeit beginnt im Juli und erstreckt sich über einen längeren Zeitraum. Maulbeeren schmecken erst dann, wenn sie vollreif vom Baum fallen. Um sich das mühsame Auflesen zu sparen, ist es sinnvoll, alte Laken oder ähnliches unter die Bäume zu legen und an den Zweigen zu rütteln oder aber abzuwarten, bis die Früchte von selbst herunterfallen. Kunststofffolien sind weniger geeignet, da die Früchte dann schneller verderben.

Die Beeren lassen sich nicht lange aufbewahren. Das Trocknen als Konservierungsmethode ist in den Herkunftsländern weit verbreitet und dank der frühen Reife kann es auch hierzulande mit Sonnenenergie gelingen. Vor allem die weißen Maulbeeren gewinnen erheblich durch das Trocknen. Alle Sorten können auch zu Konfitüre verarbeitet werden.

In der Küche

Maulbeeren lassen sich wie Brombeeren oder Himbeeren auf vielerlei Weise verarbeiten – zum Beispiel in einer Quark- oder Joghurtcreme oder kurz erhitzt als Soße zu Eis. Da weiße Maulbeeren nur wenig Eigengeschmack aufweisen, ist es günstig, sie mit Zitronensaft und etwas abgeriebener Schale aufzupeppen. Getrocknet schmecken gerade die weißen Früchte Kindern sehr gut. In ihren Heimatländern waren sie jahrhundertelang eine beliebte Wegzehrung. Die dunklen Früchte sind herber und haben ein stärkeres Aroma. Sie eignen sich gut zur Herstellung von Konfitüren oder – wenn man die sehr feinen Kernen nicht mag – Gelee.

Informative Webseiten und weiterführende Links

www.lwg.bayern.de
Die Bayerische Landesanstalt für Weinbau und Gartenbau bietet eine sehr informative Seite mit etlichen Unterseiten zum Obstbau sowie zum Weinbau an.

www.pomologen-verein.de
Auf der Seite des Pomologenvereins findet man Verweise auf regionale Gruppen und Veranstaltungen sowie sehr viele Informationen über alte Sorten und die Pflege von Obstgehölzen.

www.mundraub.org
Mundraub ist eine Initiative, die auf in Vergessenheit geratene Obstgehölze als Teil der Kulturlandschaft hinweist und Fundorte von Bäumen und Sträuchern, die öffentlich beerntet werden dürfen, zugänglich machen möchte.

www.nabu.de/themen/streuobst
Der NABU engagiert sich schon lange für Streuobstwiesen und koordiniert regionale Initiativen. Hier kann man vielfältige Infos und Kontakte vor Ort finden.

www.bio-gaertner.de
Der Biogärtner ist ein Online-Nachschlagewerk für Hobbygärtner, das einen großen Wert auf eine ökologische Gartenkultur setzt. Neben Infos zum Gemüsebau und Ziergarten auch umfangreiche Infos zum Obstbau.

www.obstsortendatenbank.de
Umfangreiche Obstsortendatenbank mit zahlreichen interessanten Links, geführt von der Ortsgruppe Lemgo im BUND.

http://pomologie.ub.tu-berlin.de/index.html
Online verfügbare Biobliothek der Technischen Universität Berlin mit historischer pomologischer Literatur.

Bezugsquellen

Raritätengärtnerei Manfred Hans
Roosenwegg 2
17039 Sponholz OT Rühlow
Tel.: 039 60/62 94 41
www.raritätengärtnereimanfredhans.de
Manfred Hans führt eine Raritätengärtnerei mit einem Schwerpunkt bei seltenen Obstgehölzen, insbesondere die Auswahl an Beerenfrüchten und Exoten ist sehr beachtlich.

Reinhold Hummel GmbH + Co.KG
Köstlinstraße 121
70499 Stuttgart
Tel.: 07 11/86 00 83 12
www.hummel-erdbeeren.de
Die Firma Hummel hat sich auf die In-Vitro-Kultur von Erdbeeren konzentriert. Durch diese Methode können Erdbeerjungpflanzen garantiert virusfrei aufgezogen werden. Neben dem Erdbeersortiment führt Hummel auch Himbeeren.

Artländer Pflanzenhof
Im Zwischenmersch/Baumschulenweg
49610 Quakenbrück
Tel.: 054 31/24 58
www.pflanzenhof-online.de
Der Artländer Pflanzenhof ist eine bereits seit 150 Jahren bestehende Baumschule, die eine enorme Vielfalt an traditionellen und seltenen Obstarten im Sortiment führt – darunter auch balkontaugliches Zwergobst.

Eggert Baumschulen
Baumschulenweg 2
25594 Vaale
Tel.: 048 27/93 26 27
www.Eggert-Baumschulen.de
Das schleswig-holsteinische Familienunternehmen Eggert bietet ein riesiges Sortiment an Bäumen und Sträuchern, darunter auch eine große Auswahl Obstgehölze.

Baumschule Pflanzlust
Niederelsungerstr. 23
34466 Nothfelden
Tel.: 056 92/86 35
www.pflanzlust.de
Pflanzlust arbeitet nach Bioland-Richtlinien und ist in Deutschland wohl die größte Baumschule dieser Art, die sich auf Obst spezialisiert hat.

Baumschule Ritthaler
Dietschweilerstr. 20
66882 Hütschenhausen
Tel.: 063 72/58 80
www.baumschuleritthaler.de/
Baumschule mit einer großen Auswahl an historischen und lokalen Obstbaumsorten.

Waldviertler Bio-Baumschulbetrieb
Reichenau am Freiwald 9
A-3972 Bad Großpertholz
Tel.: +43 (0) 28 57/29 70
www.artner.biobaumschule.at
Der Baumschulbetrieb hat sich auf die Kultur alter, meist regionaler Sorten konzentriert, die auch unter kargen Bedingungen und in der Höhe noch gedeihen, und arbeitet nach Bio-Richtlinien.

Erhalt alter Kultursorten

Verein zur Erhaltung der Nutzpflanzenvielfalt e. V. (Geschäftsstelle)
Uhlandstraße 57
45468 Mülheim an der Ruhr
Tel.: 02 08/74 04 99 25
www.nutzpflanzenvielfalt.de
Der Verein zur Erhaltung der Nutzpflanzenvielfalt e. V. (VEN) wurde 1986 gegründet und widmet sich seither dem Erhalt alter Gemüsesorten. Mittlerweile führt er regelmäßig Seminare zur Saatgutgewinnung durch und hat viele aktive Sortenpfleger in seinen Reihen.

Verein ARCHE NOAH
Obere Straße 40
A-3553 Schiltern
Tel.: +43 (0) 27 34/86 26
www.arche-noah.at
Arche Noah ist in Österreich 1990 aus dem Zusammenschluss von zwei Vereinen entstanden, die sich der Bewahrung alter Gemüsegartentraditionen verschrieben haben. Die Gesellschaft betreibt heute einen Schaugarten und vernetzt Betriebe, die Sortenraritäten anbauen. Es gibt mehrere Veröffentlichungen zum Saatgut- und Kulturpflanzenerhalt.

ProSpecieRara
Pfrundweg 14
CH-5000 Aarau
Tel.: +41 (0) 62/832 08 20

ProSpecieRara Deutschland
Hauptstrasse 140
79356 Eichstetten am Kaiserstuhl
Tel.: 076 63/914 89 97
www.prospecierara.ch
ProSpecieRara ist eine Schweizer Stiftung, die 1982 gegründet wurde, um gefährdete Nutztierrassen und Kulturpflanzen vor dem Aussterben zu bewahren. Sie arbeitet mit Zuchtvereinen, Erwerbszüchtern und Anbauern zusammen.

VERN e. V.
Burgstr. 20
16278 Greiffenberg/Uckermark
Tel.: 03 33 34/702 32
www.vern.de
VERN Greifenberg ist ein Verein zur Erhaltung und Rekultivierung von Nutzpflanzen in Brandenburg e.V., kurz VERN e.V., und wurde 1996 gegründet. Mitglieder sind Privatpersonen, Landwirte, Gärtner und Institutionen/Vereine.

Weiterführende Literatur

Eckart Brandt: Mein großes Apfelbuch. Alte Apfelsorten neu entdeckt. Bassermann Verlag 2008.
Der Pomologe Eckart Brandt plaudert genüsslich und amüsant rund um sein Lieblingsobst. Mit Rezeptteil.

Heinrich Beltz: Spalierobst im Garten. BLV-Buchverlag 2012
Autor Beltz erläutert detailliert und auch für den Laien verständlich, wie sich erfolgreich Spalierobst auch auf knappem Raum im Garten ziehen lässt.

Gudrun Mangold: Der Palmer-Schnitt: Spitzenerträge im Bio-Streuobstanbau. Kosmos Verlag 2011.
Die Fachjournalistin Mangold fasst in diesem Buch die Regeln des Palmer'schen Oeschbergschnittes verständlich zusammen und informiert zudem über die nonkonforme Persönlichkeit des rebellischen Obstbauern Palmer.

Harald Bocker: Hobbyweinbau. Echino Media Verlag 2011.
Umfangreicher Ratgeber von der Kultur der Weinrebe bis hin zur Herstellung von eigenem Saft und Wein.

Helmut Palmer: Der Notenschlüssel der Natur, Bacher Verlag 2002 (nur noch antiquarisch).
Palmer hat ausgehend von dem sogenannten Oeschbergschnitt eine sehr intuitive Schnitttechnik entwickelt, die das natürliche Wachstum des Obstbaums fördert

Helmut Pirc: Wildobst und seltene Obstarten im Hausgarten, Leopold Stocker Verlag 2009.
In diesem Buch stellt Autor Pirc eine enorme Vielfalt an Wildobstarten und -sorten vor und erläutert die Eignung für die Kultur im Garten. Dazu gibt es einen großen Rezeptteil.

Walter Hartmann: Farbatlas Alte Obstsorten, Ulmer Verlag 2003.
Das Buch stellt 275 alte Obstsorten vor, der Schwerpunkt liegt beim Kernobst.

Stichwortverzeichnis

Rezeptverzeichnis

Über die Autorin

Die Journalistin **Dr. Karen Meyer-Rebentisch** experimentiert seit vielen Jahren mit alten und neuen Obst- und Gemüsesorten in ihrem Selbstversorgergarten. Sie ist leidenschaftliche Fotografin und betreibt die erfolgreiche Webpage www.gemuese-info.de. Seit ihrem Studium der Empirischen Kulturwissenschaft und Allgemeinen Rhetorik schreibt und fotografiert sie Ratgeber und Sachbücher zu historischen und gärtnerischen Themen.

Impressum

Bibliografische Information der Deutschen Nationalbibliothek

Die Deutsche Nationalbibliothek verzeichnet diese Publikation in der Deutschen Nationalbibliografie; detaillierte bibliografische Daten sind im Internet über http://dnb.d-nb.de abrufbar.

BLV Buchverlag GmbH & Co. KG
80797 München

Bildnachweis
Alle Bilder von Dr. Karen Meyer-Rebentisch; außer:
efired - fotolia.com: 157, Evi Pelzer: 141, Flora Press/MAP:156

Umschlagkonzeption: Kochan & Partner, München
Umschlagfotos: Karen Meyer-Rebentisch

Lektorat: Sandra-Mareike Kreß, Alexandra Stronski
Herstellung: Ruth Bost
Layoutkonzept Innenteil: griesbeckdesign, München
Satz: Uhl + Massopust GmbH, Aalen

Gedruckt auf chlorfrei gebleichtem Papier

Printed in Germany
ISBN 978-3-8354-1242-2

Hinweis
Das vorliegende Buch wurde sorgfältig erarbeitet. Dennoch erfolgen alle Angaben ohne Gewähr. Weder Autorin noch Verlag können für eventuelle Nachteile oder Schäden, die aus den im Buch vorgestellten Informationen resultieren, eine Haftung übernehmen.

Fantasievoll verpackt: fruchtiges Glück zum Verschenken

Markus Hummel
Geschenke aus dem Obstgarten
Pfiffige, köstliche Mitbringsel für Genießer: Leckeres aus Obst und originelle Verpackungsideen · Tutti Frutti: Marmeladen, Konfitüren, Gelee, Kompott · Süße Sünden: Küchlein im Glas, Cupcakes, Croissants, Crumble, Baisers, Tartelettes, Wackelpudding und mehr · Würziges Vergnügen: Chutneys, Salsa, Senf, Ketchup · Flüssiges Glück: Limonade, Sirup, Likör, Essig, Tee
ISBN 978-3-8354-1221-7

www.blv.de blv